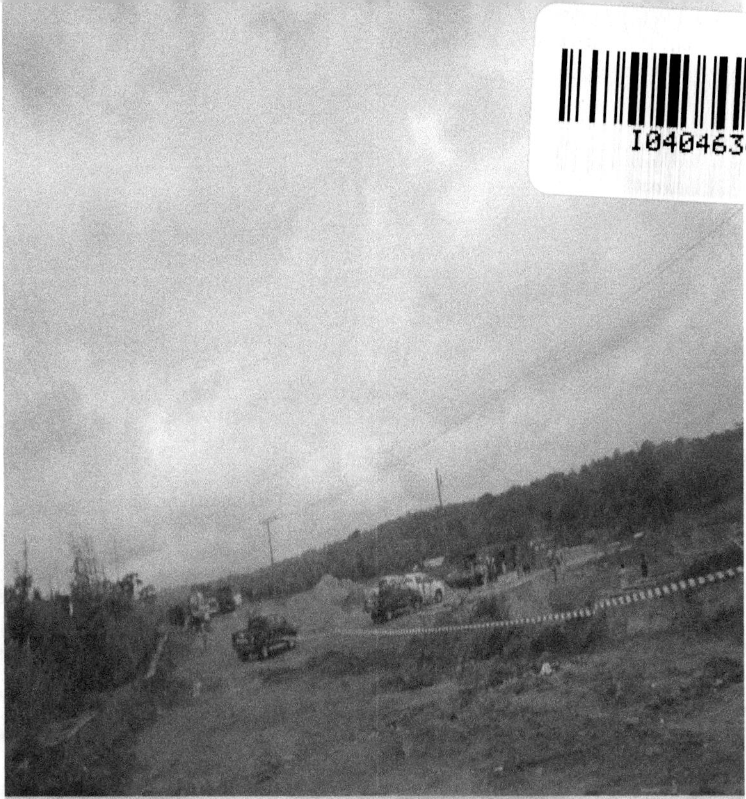

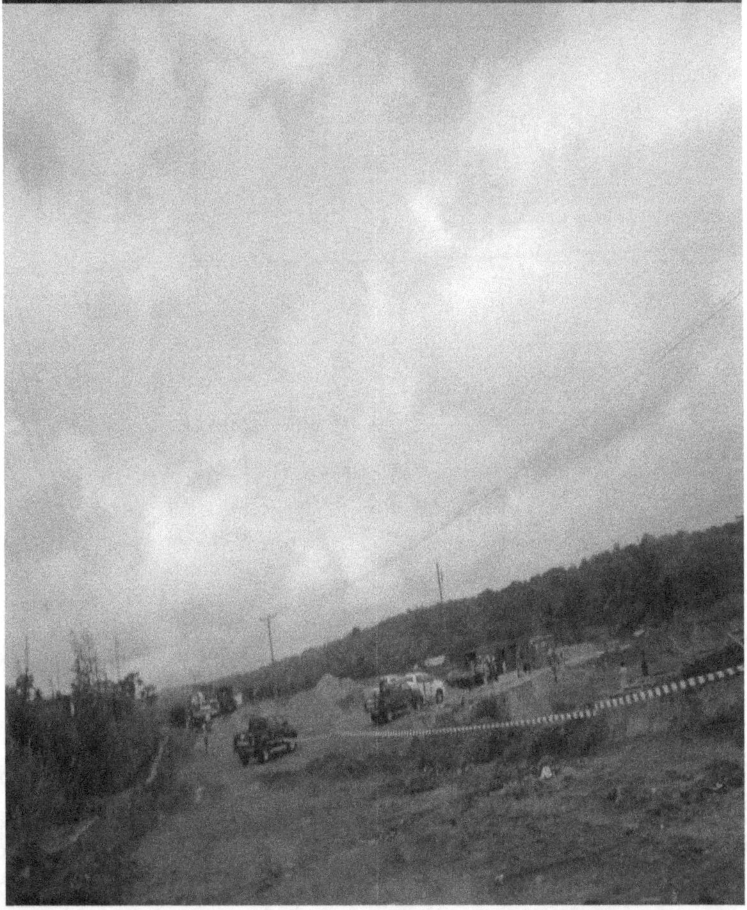

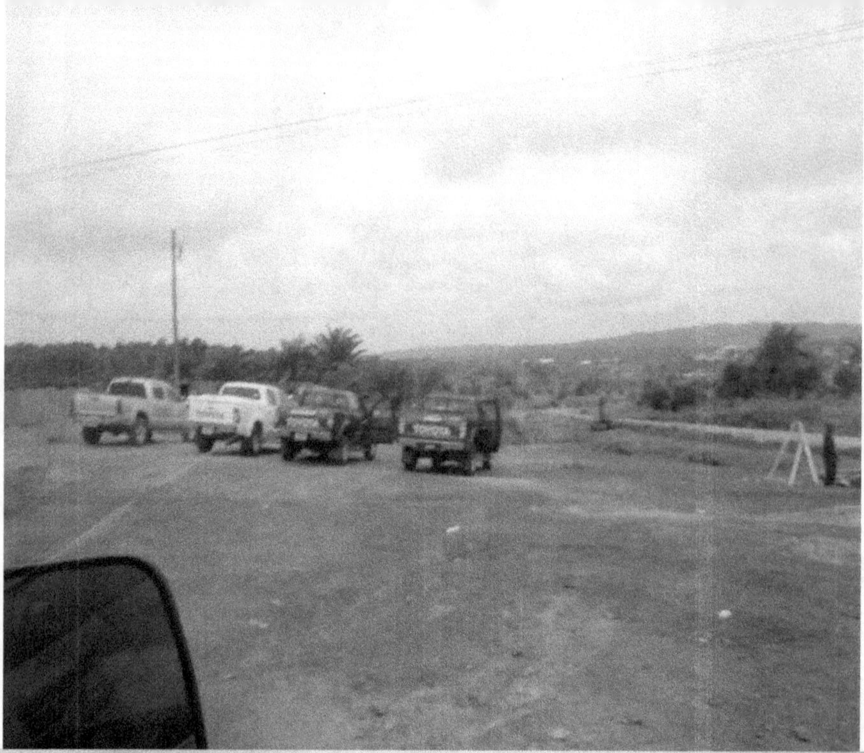

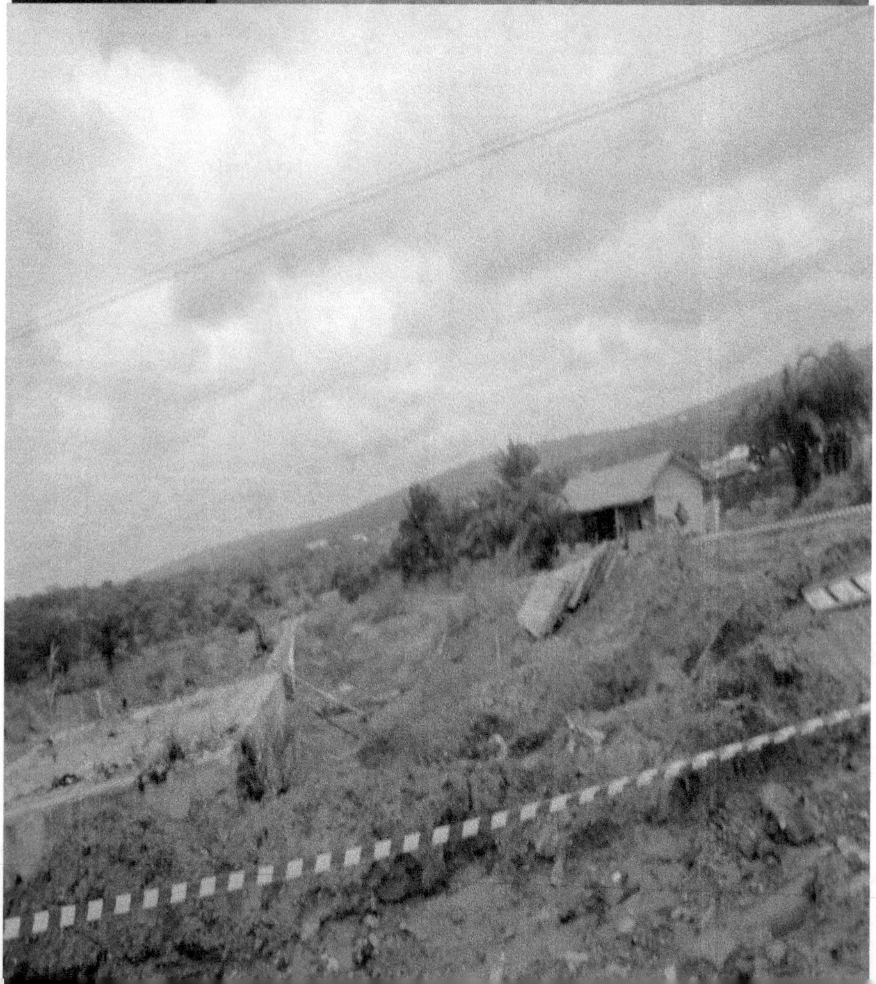

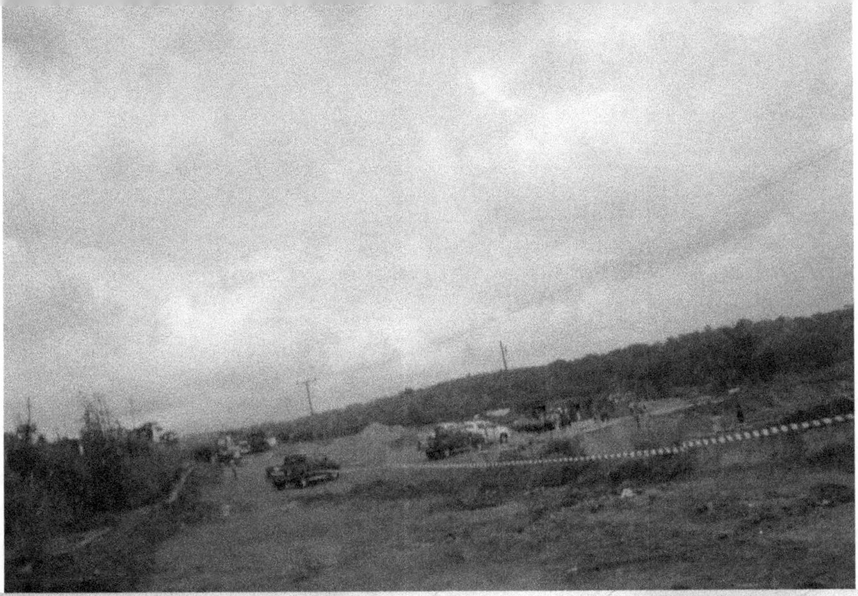

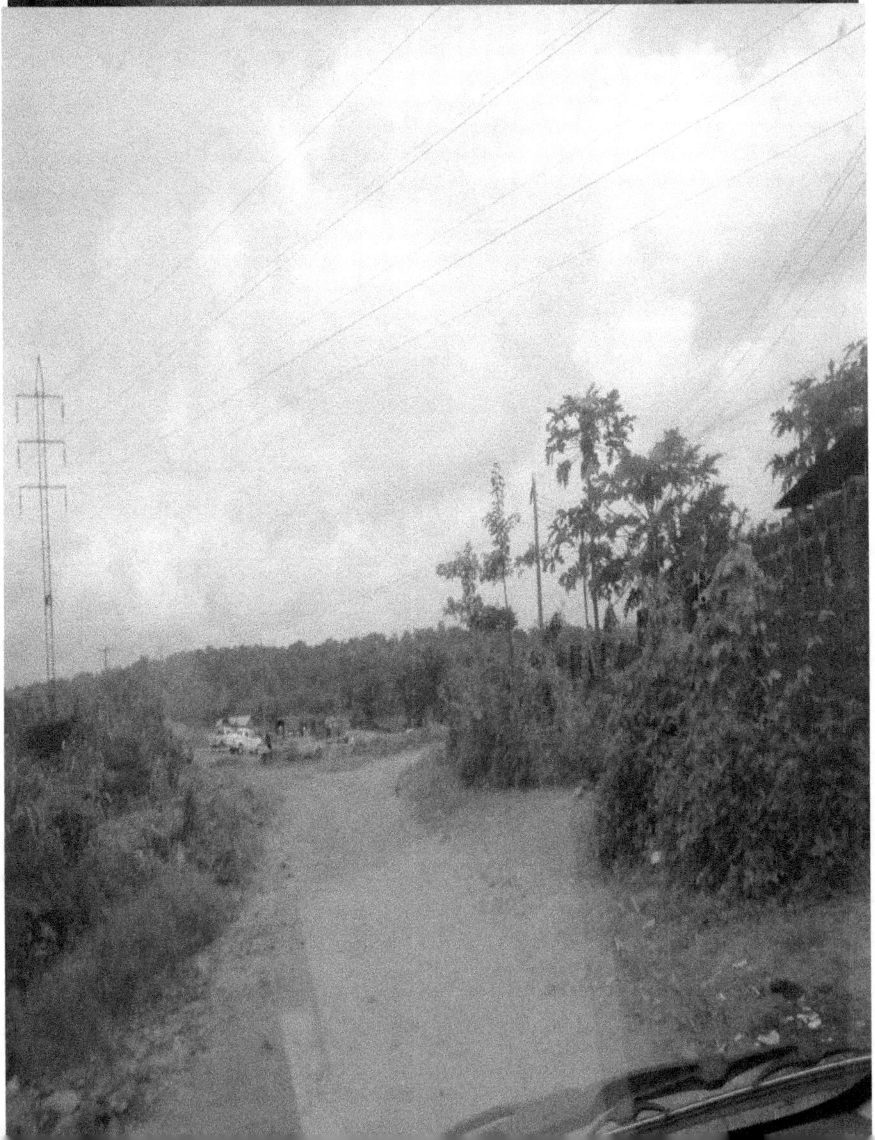

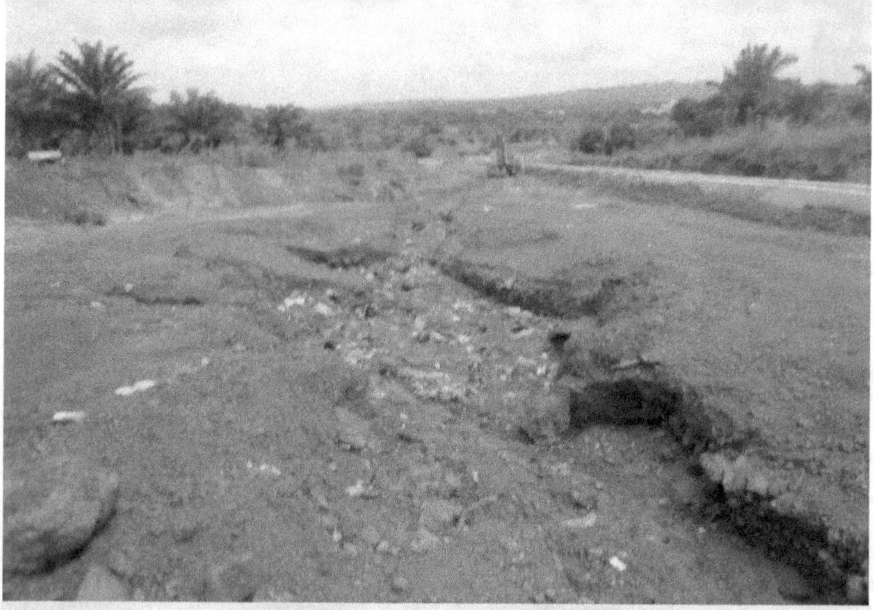
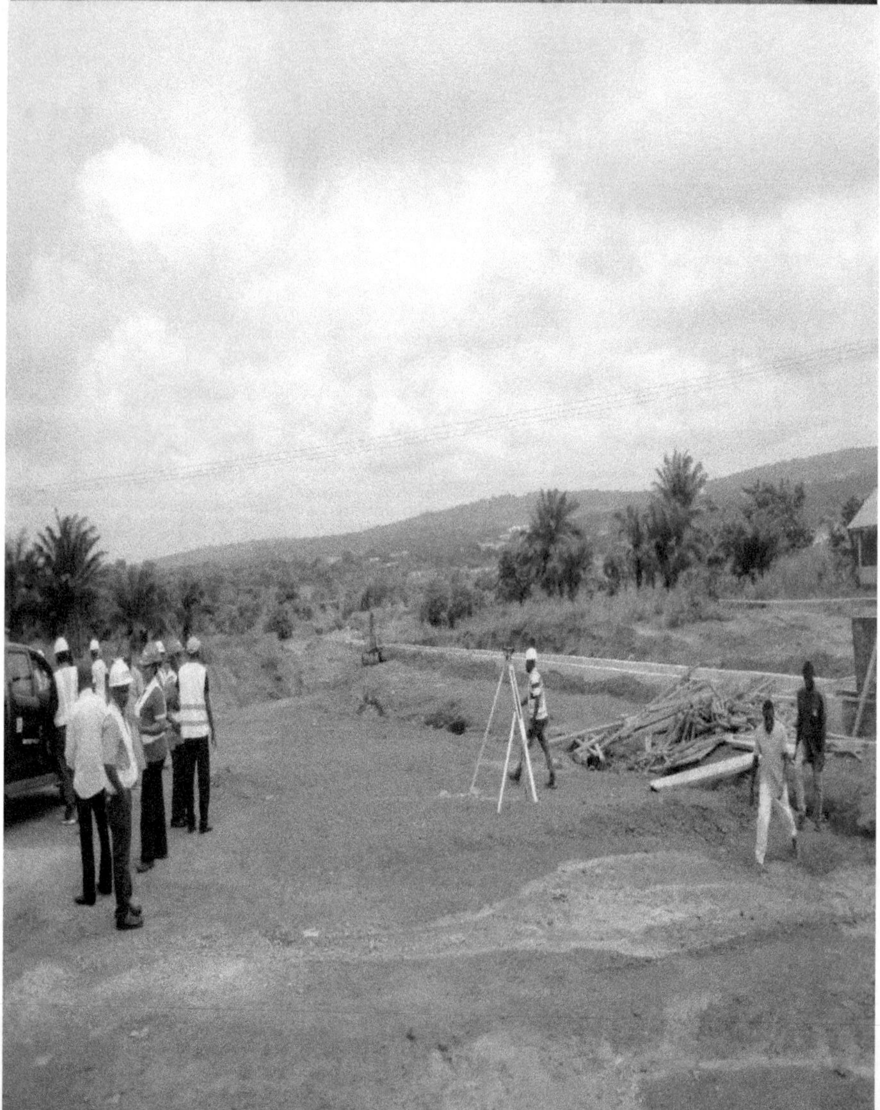

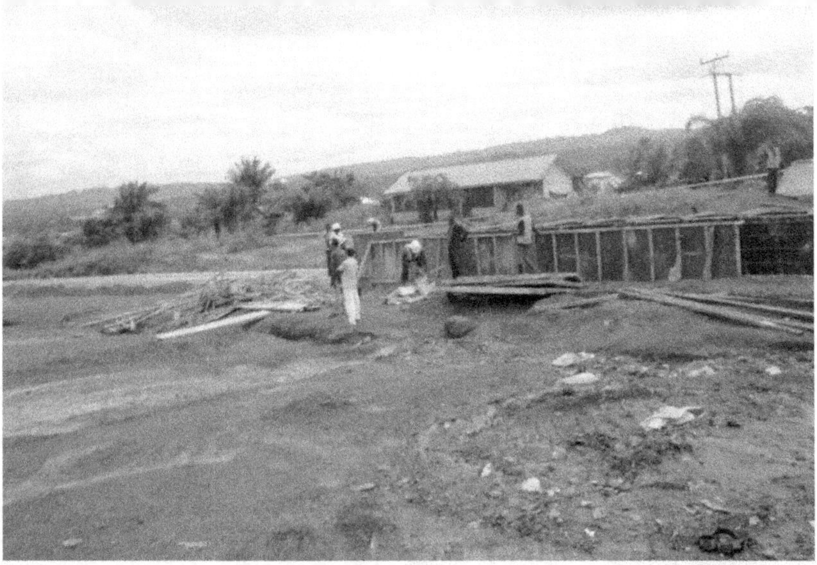

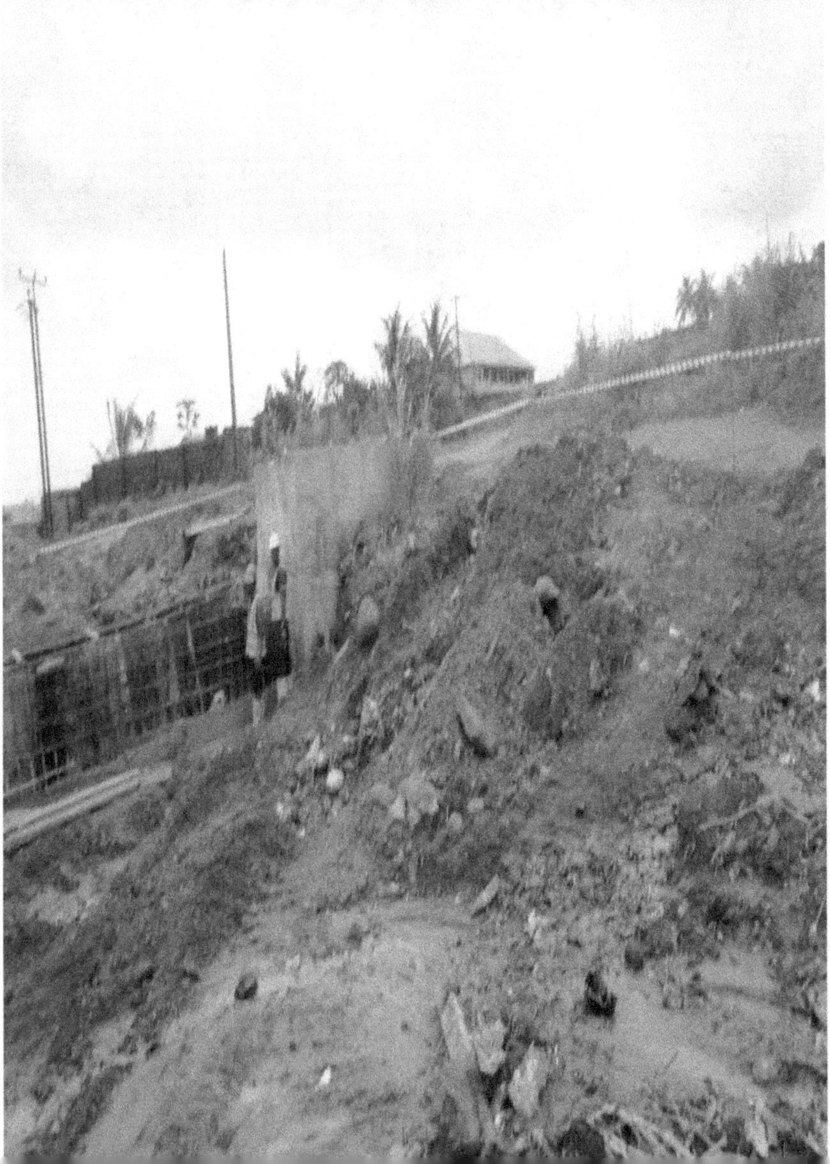

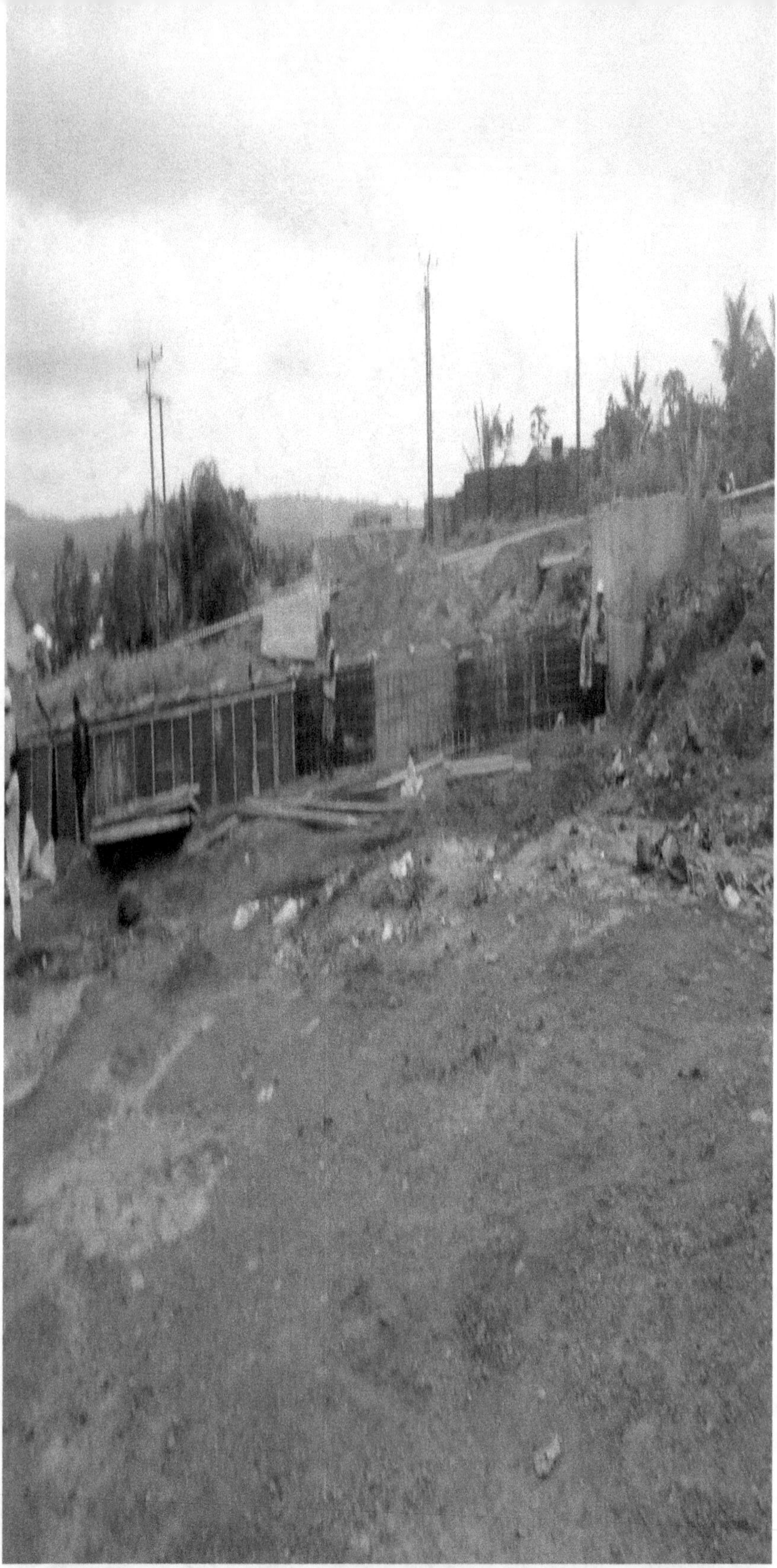

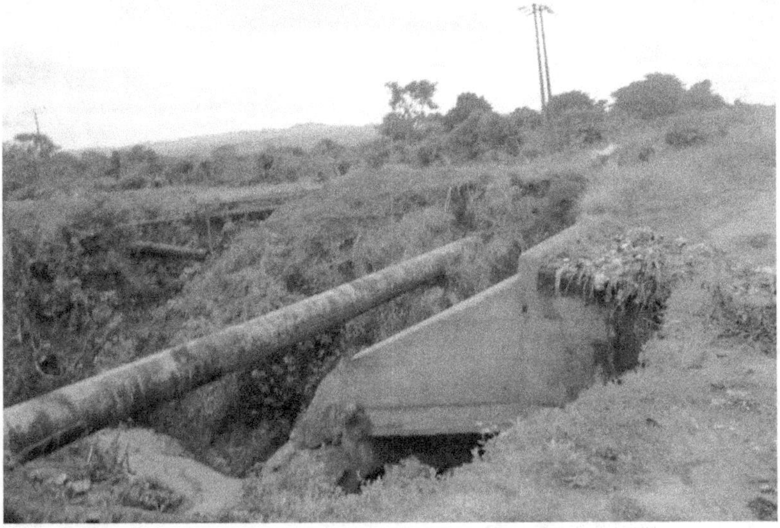

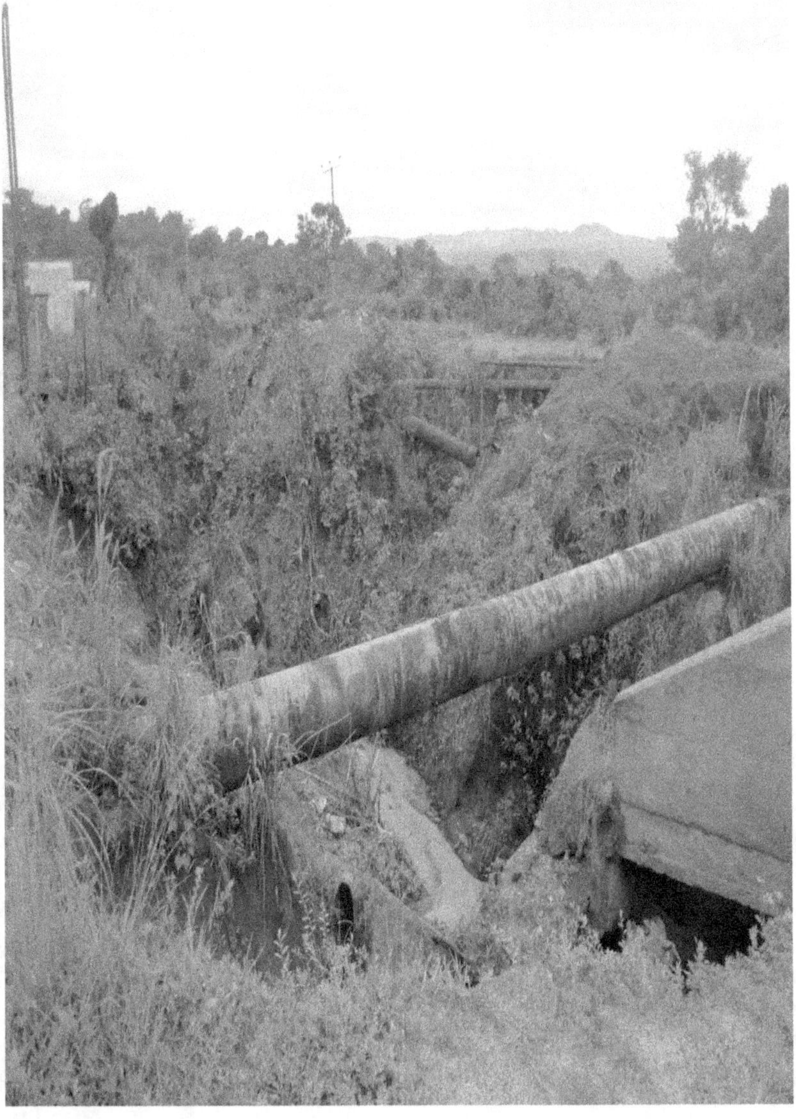

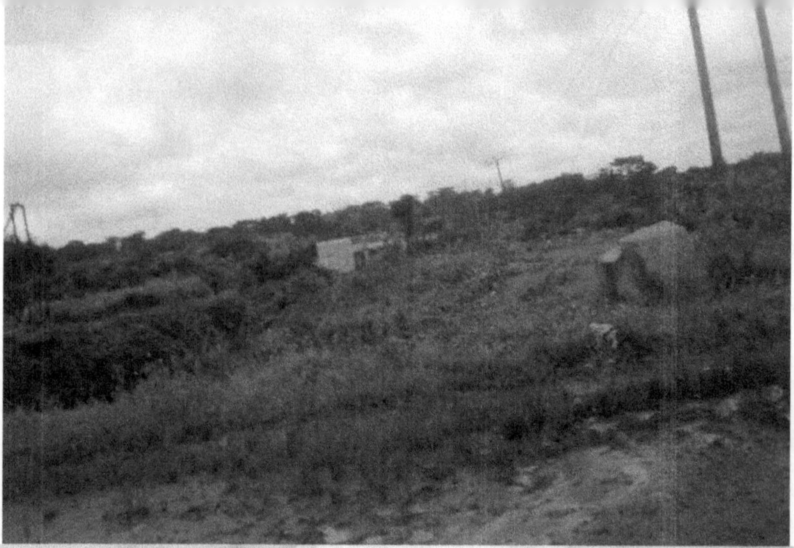

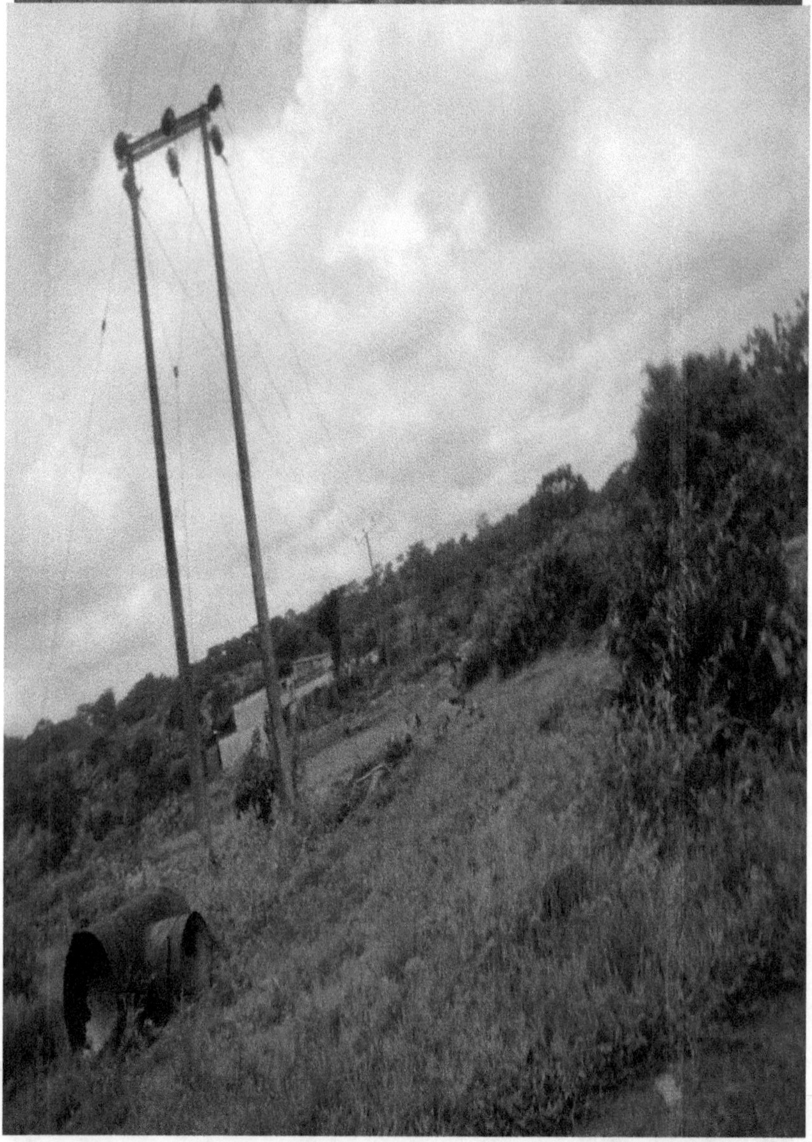

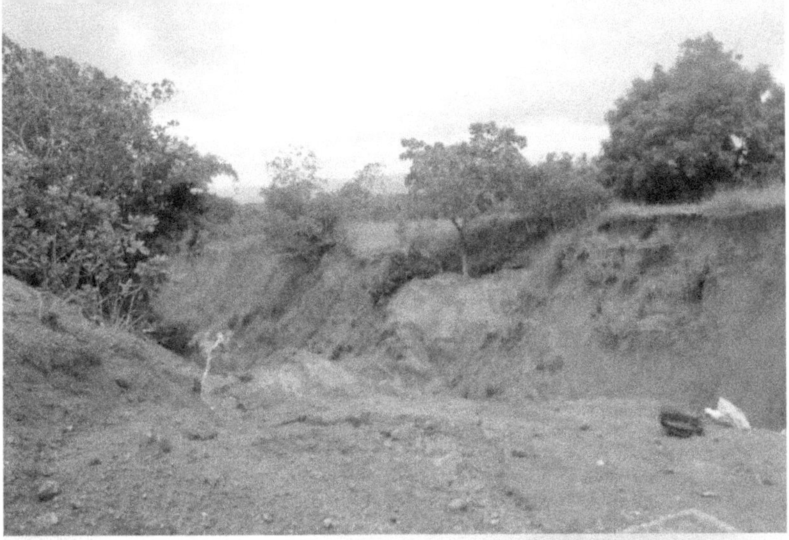

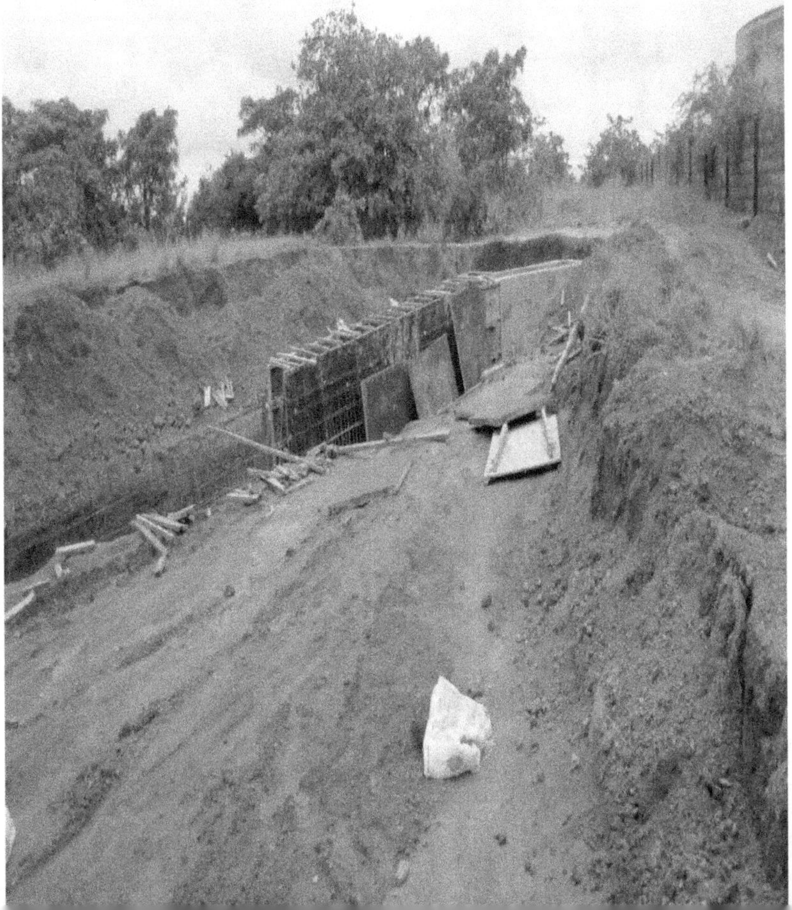

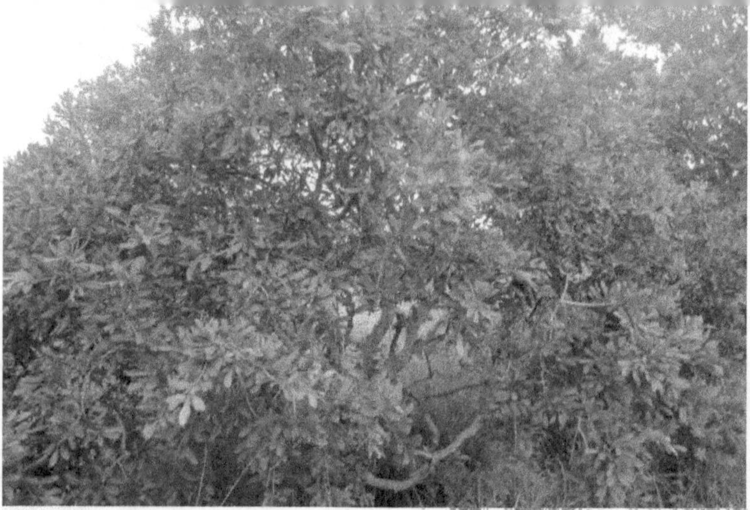

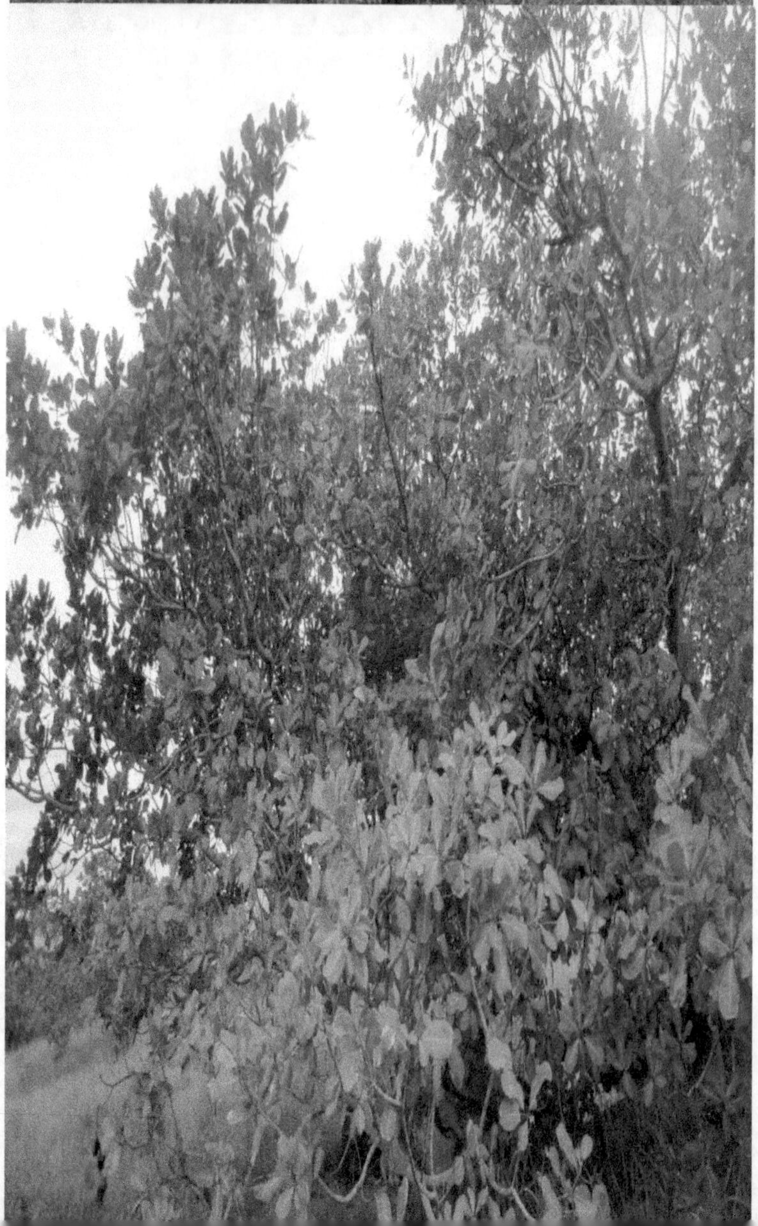

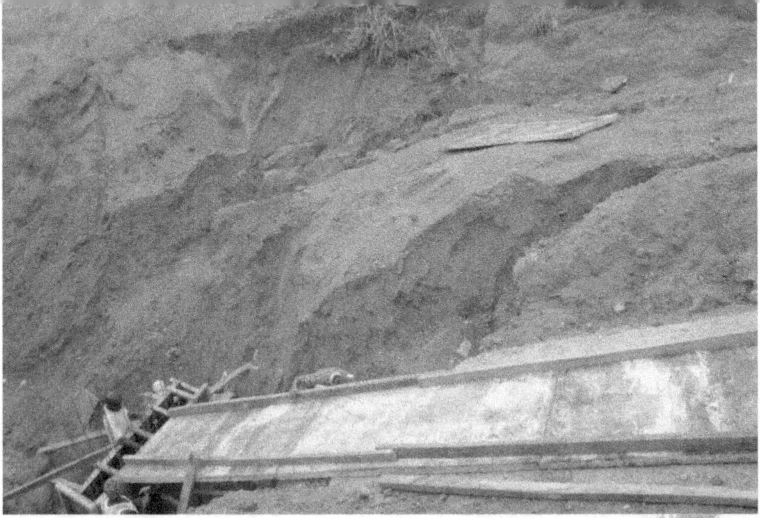

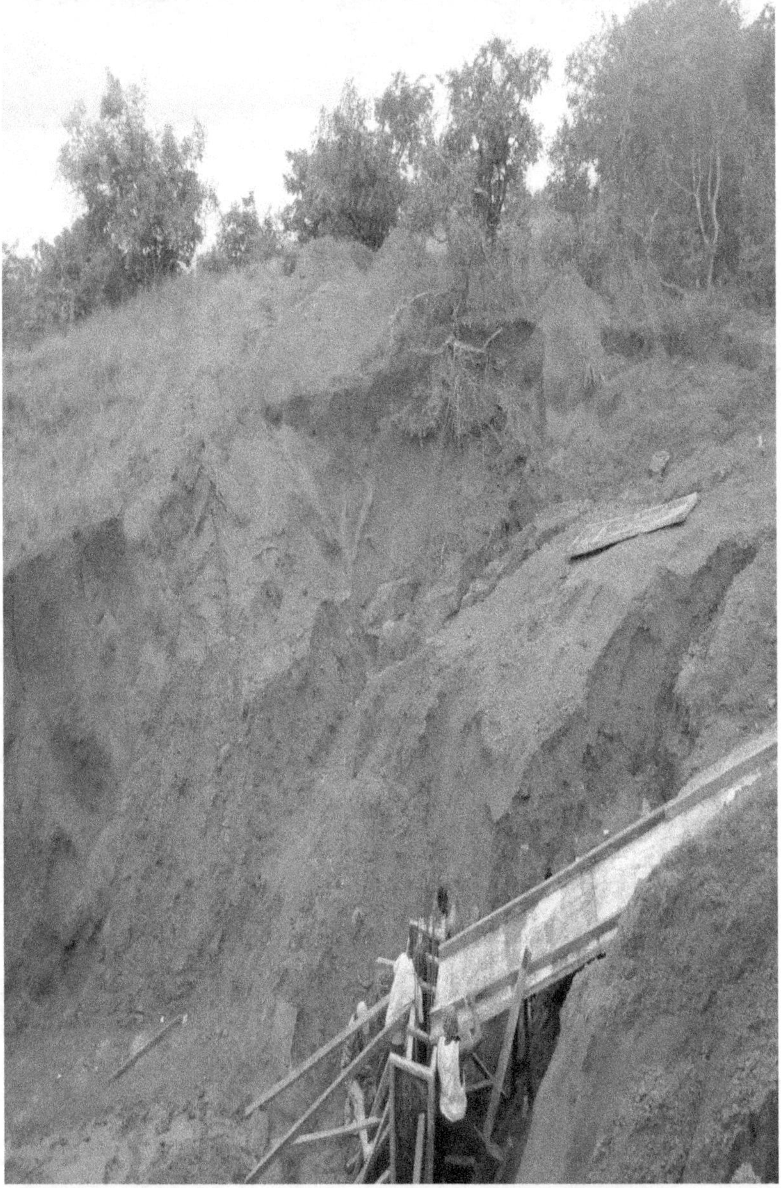

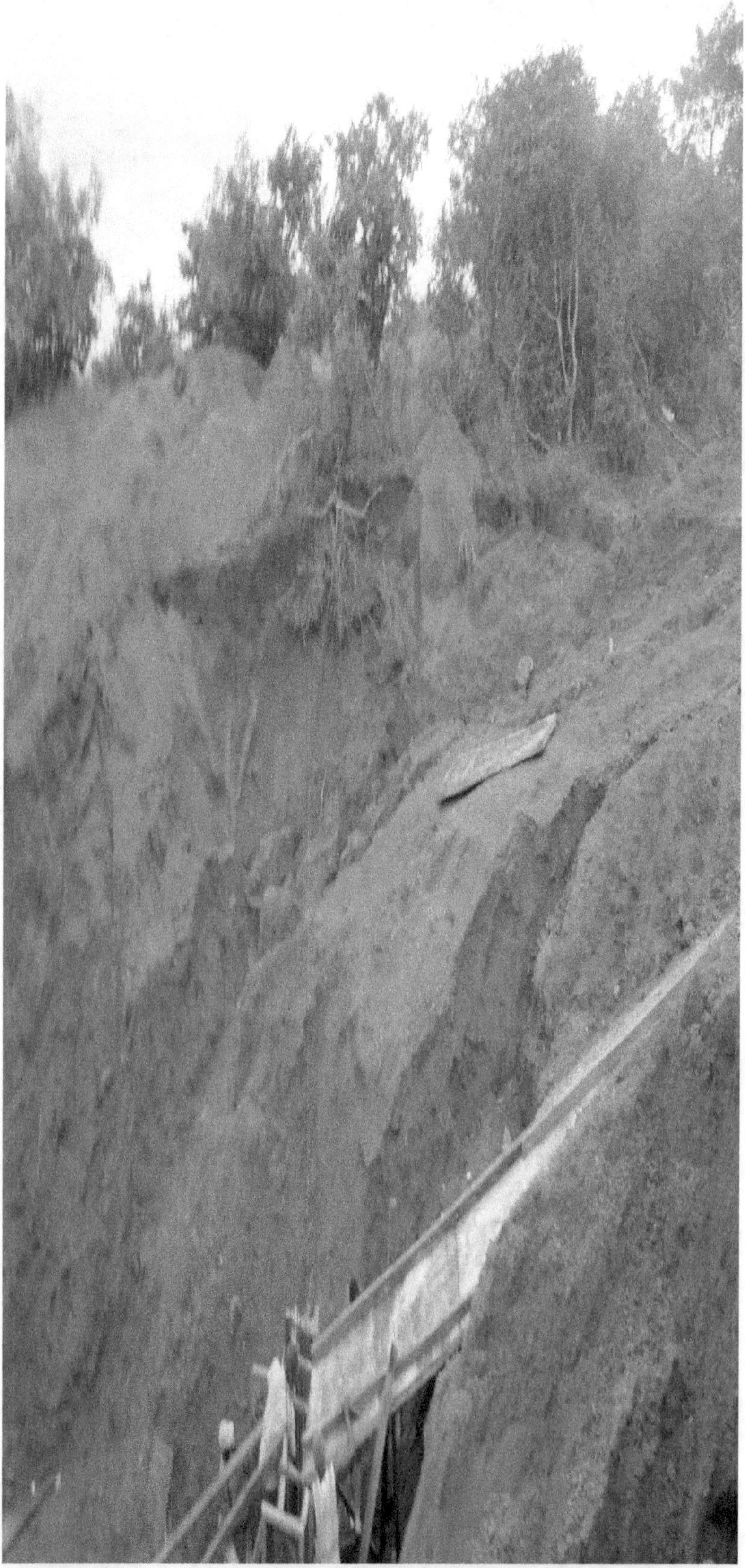

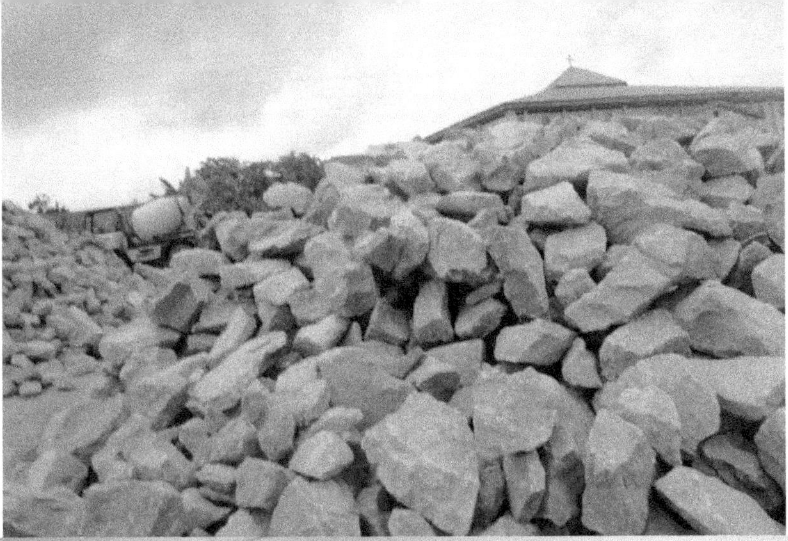

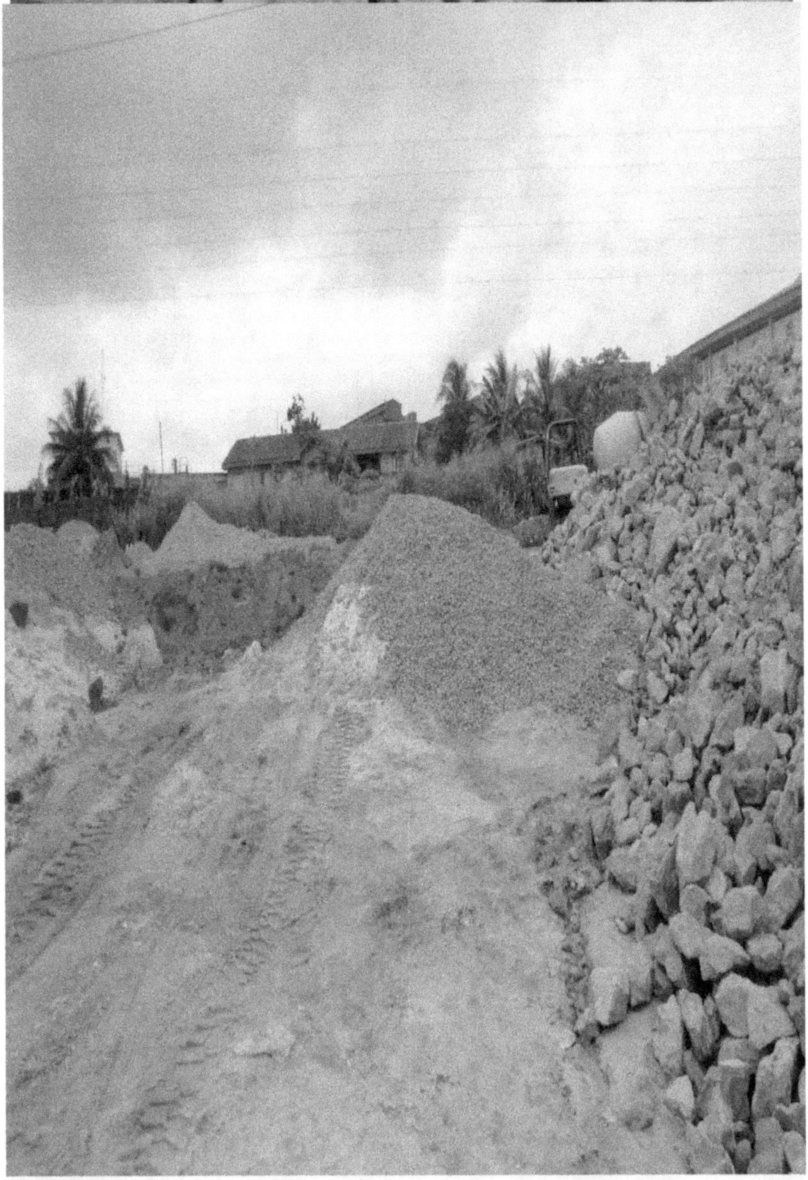

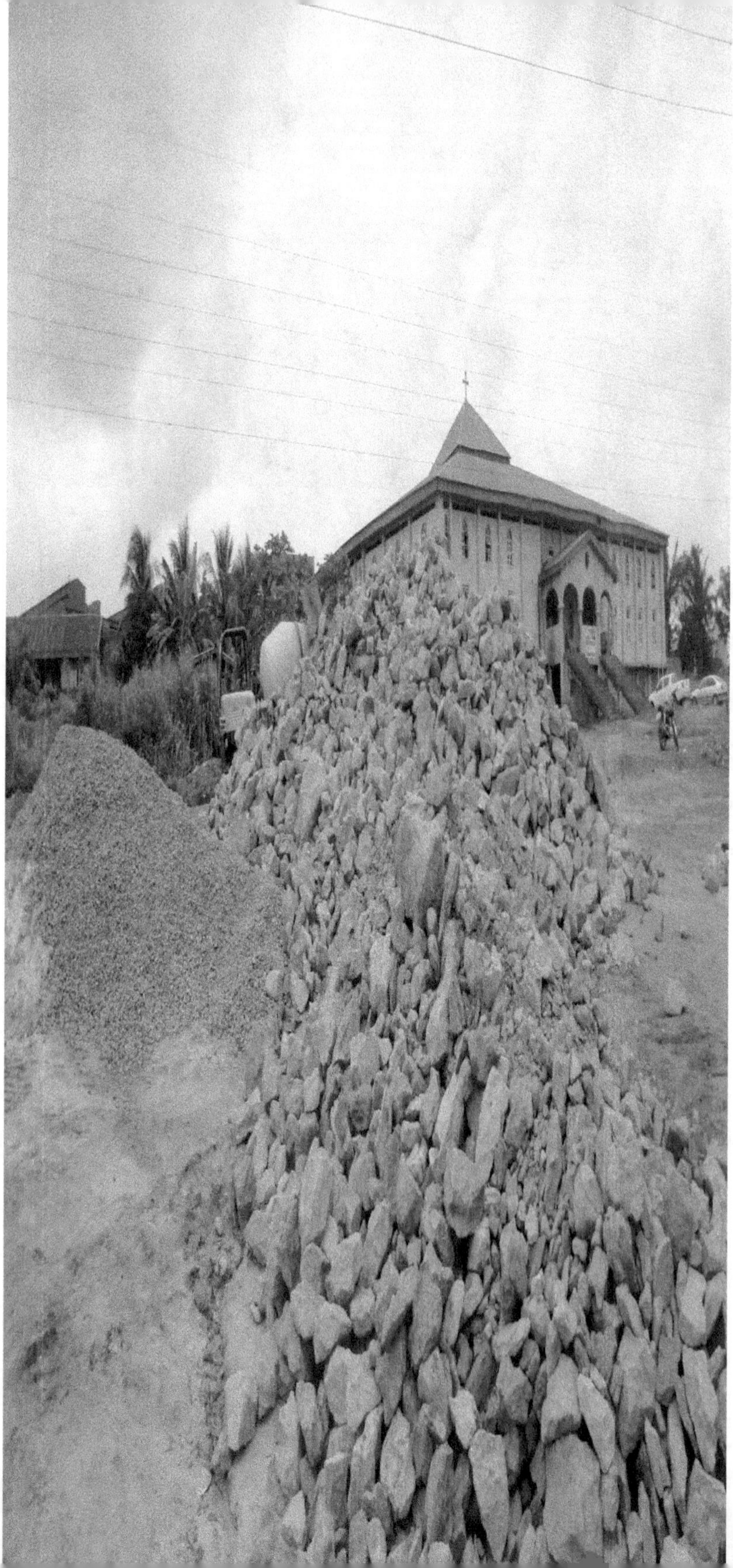

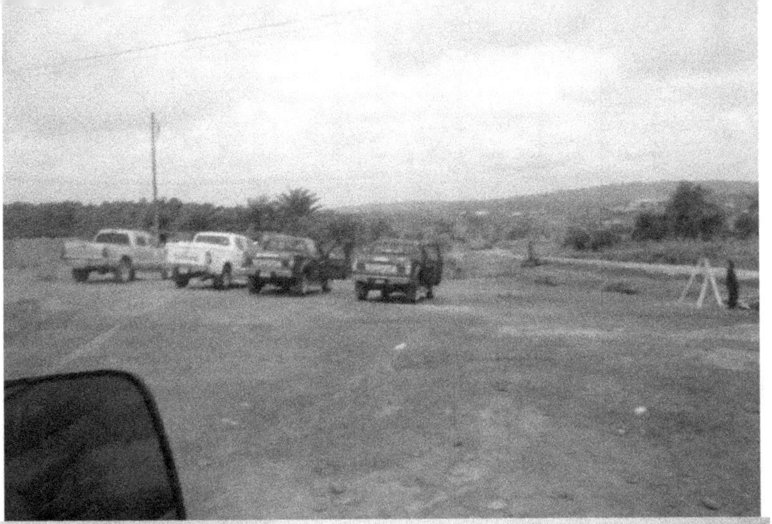

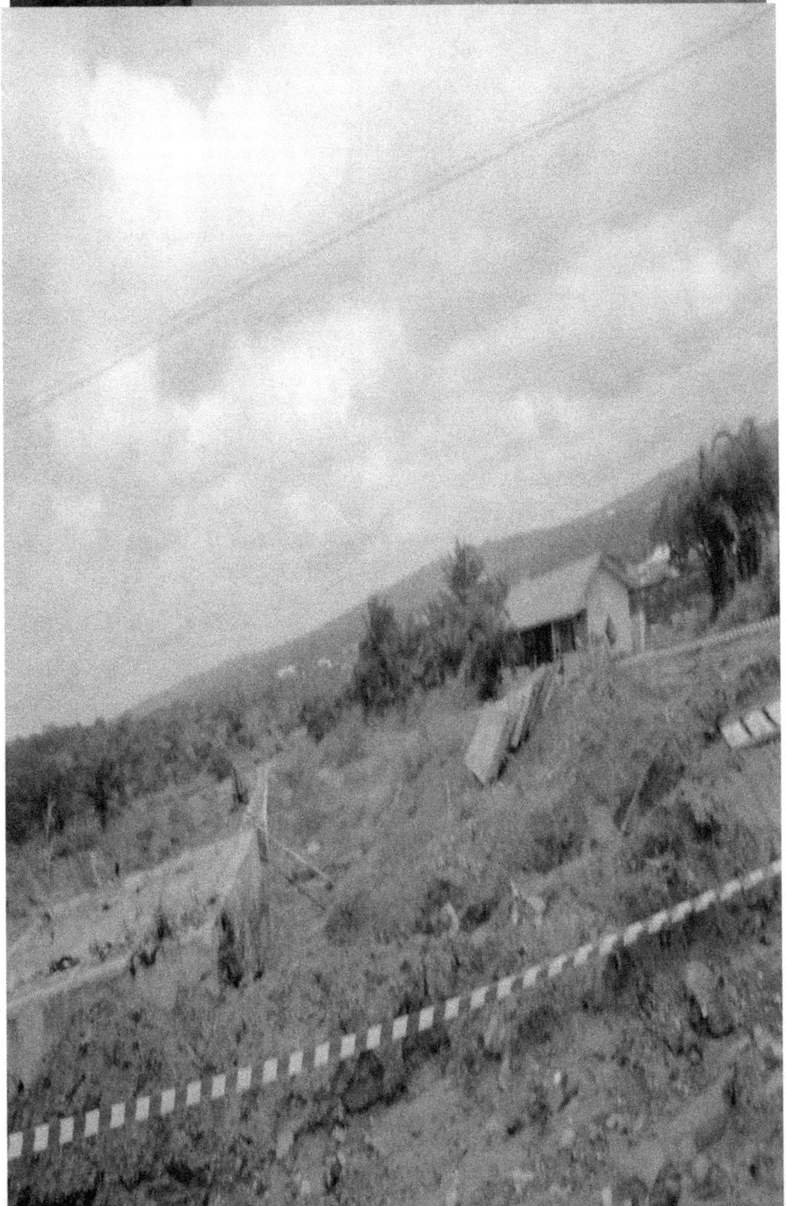

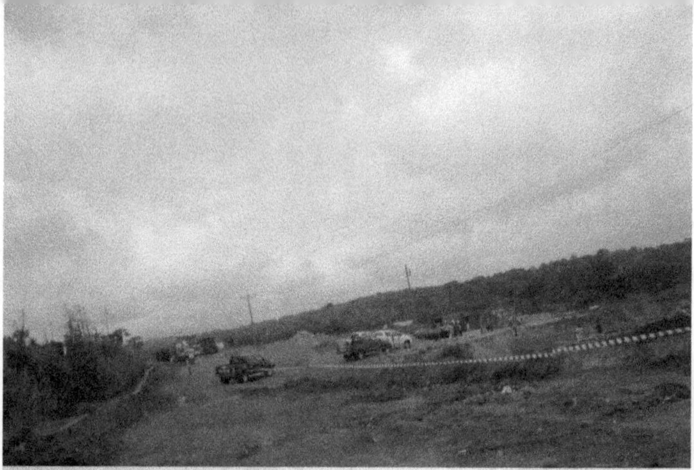

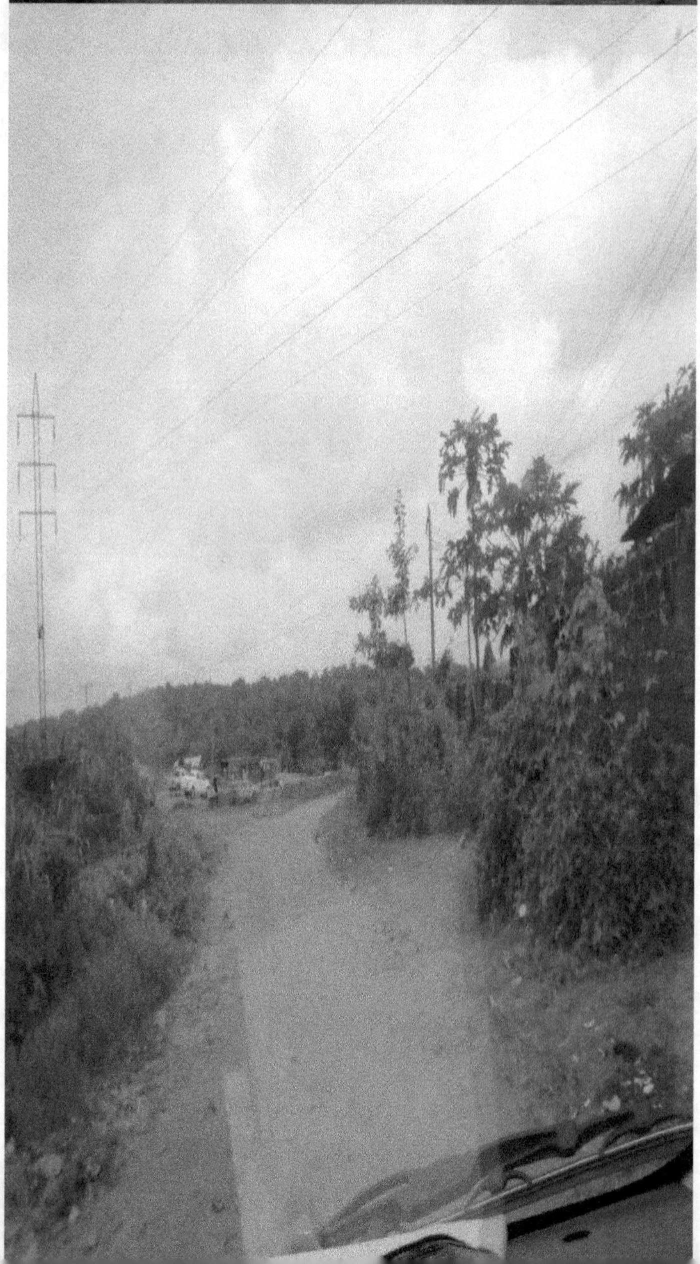

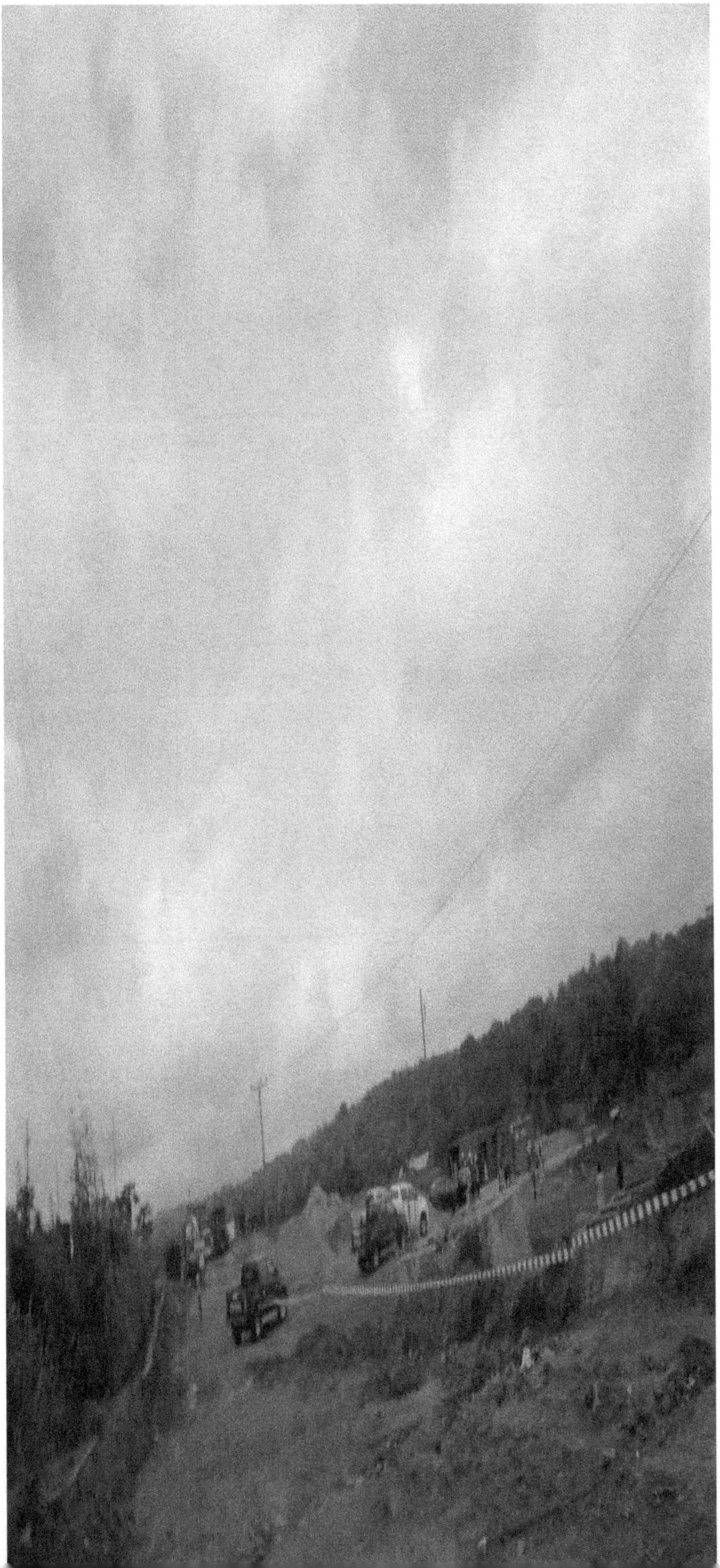

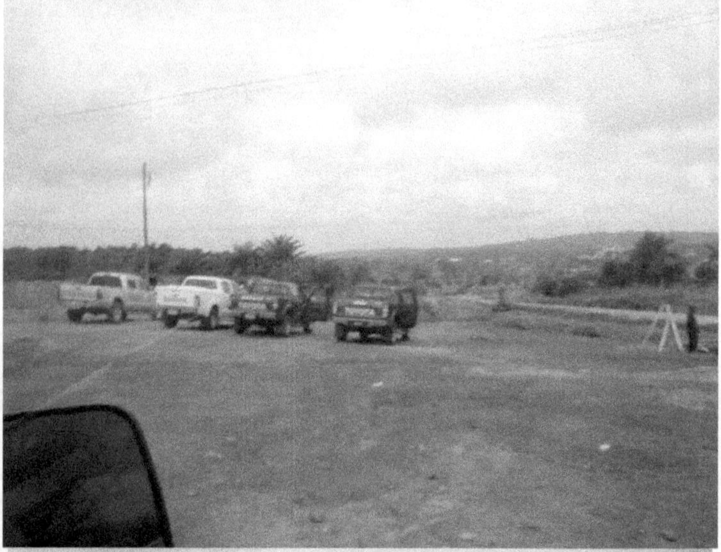

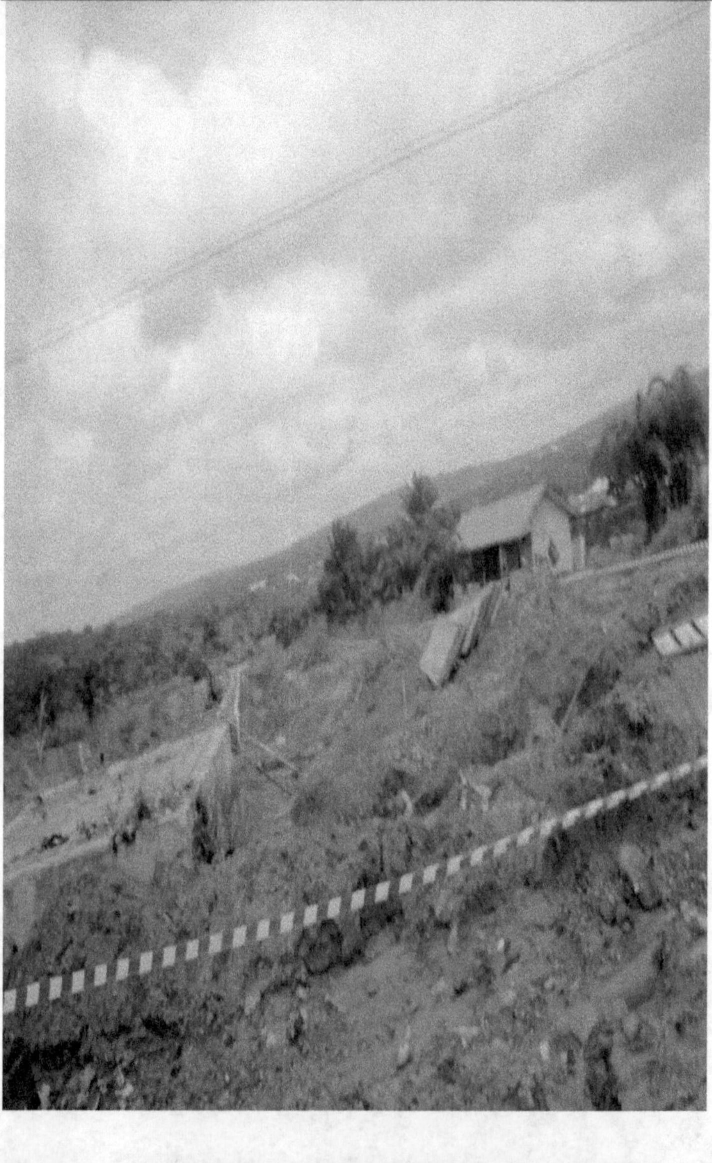

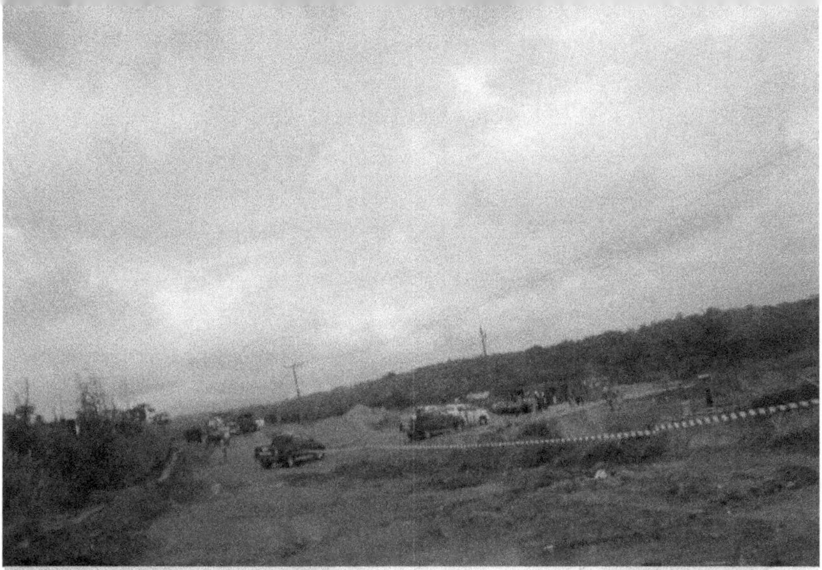

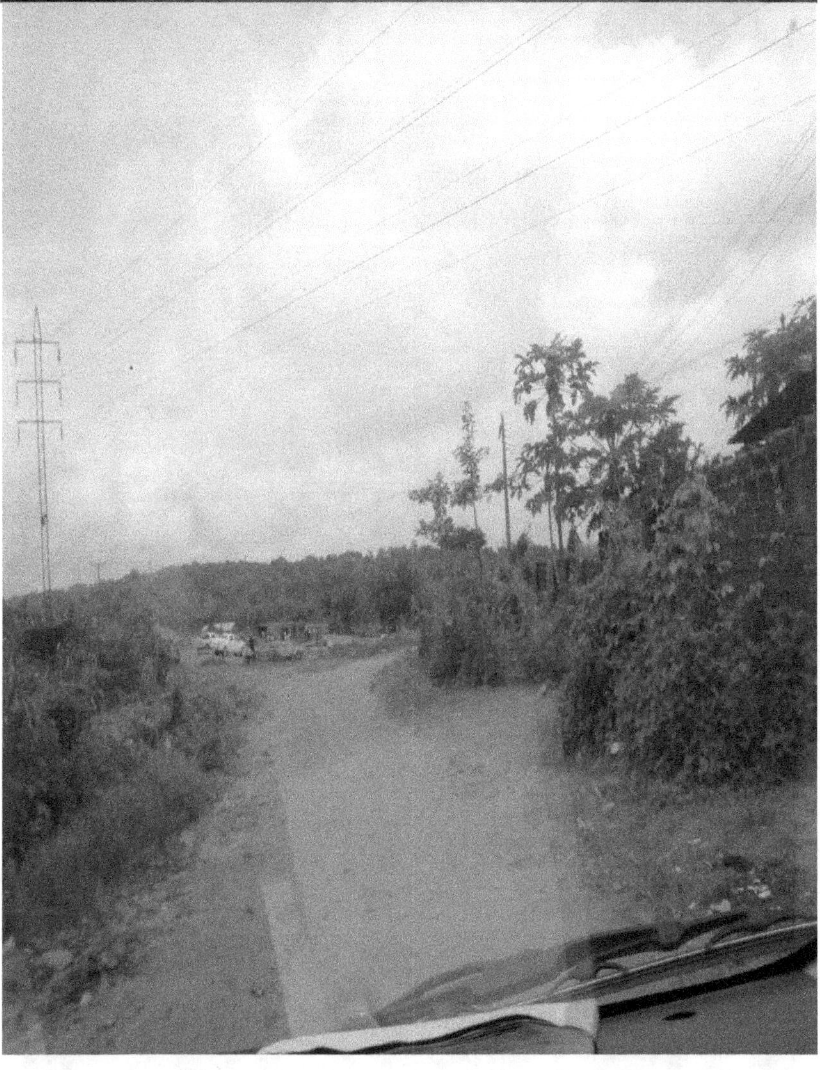

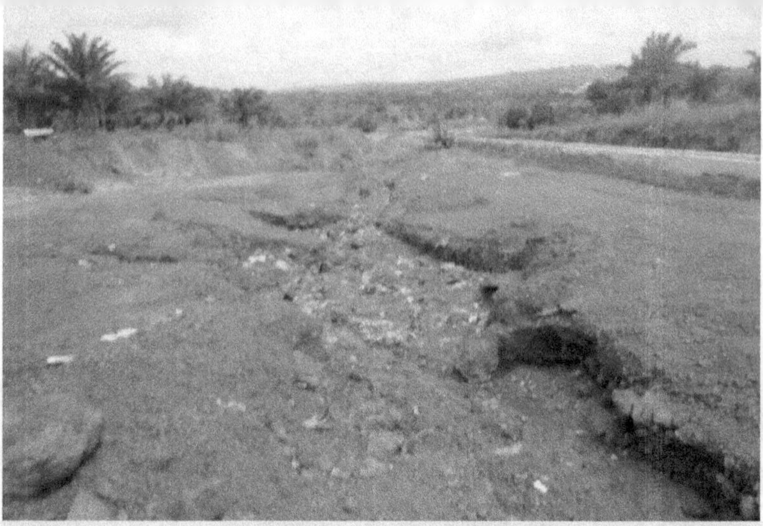

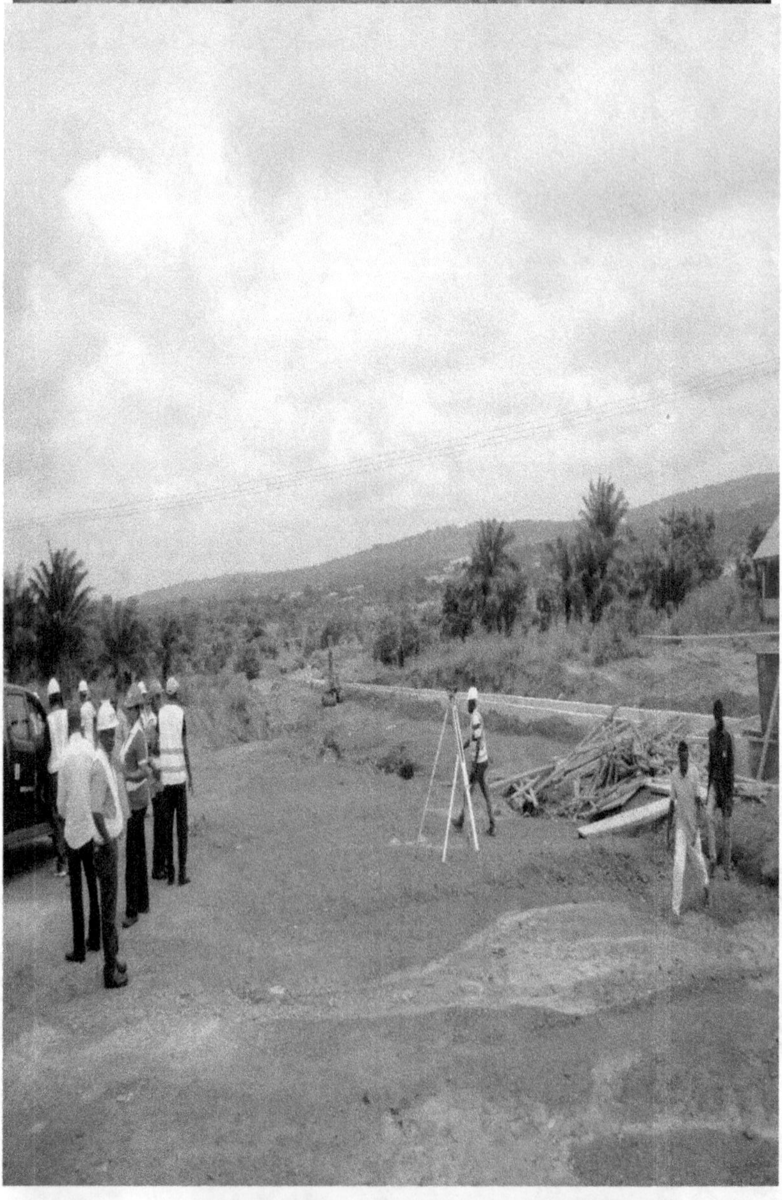

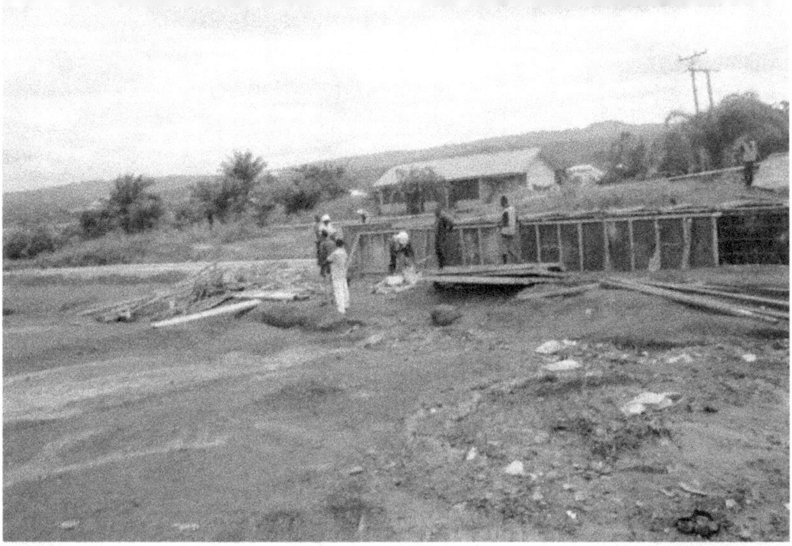

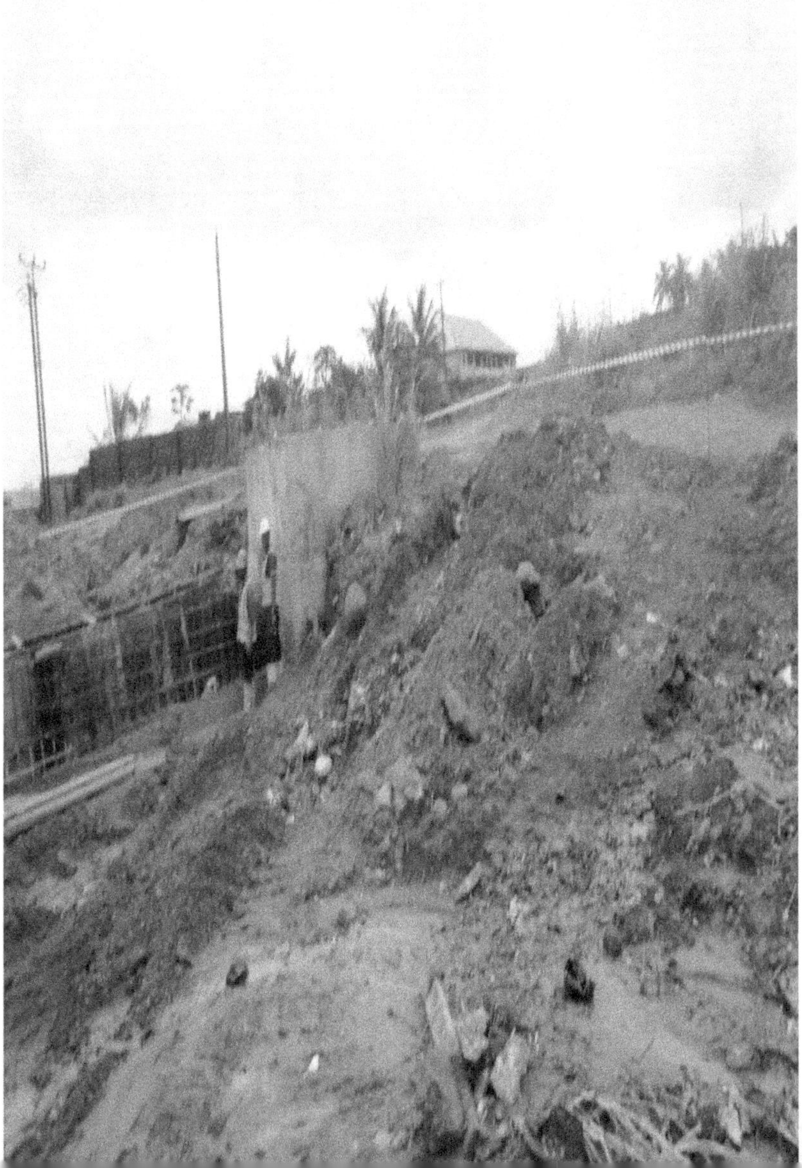

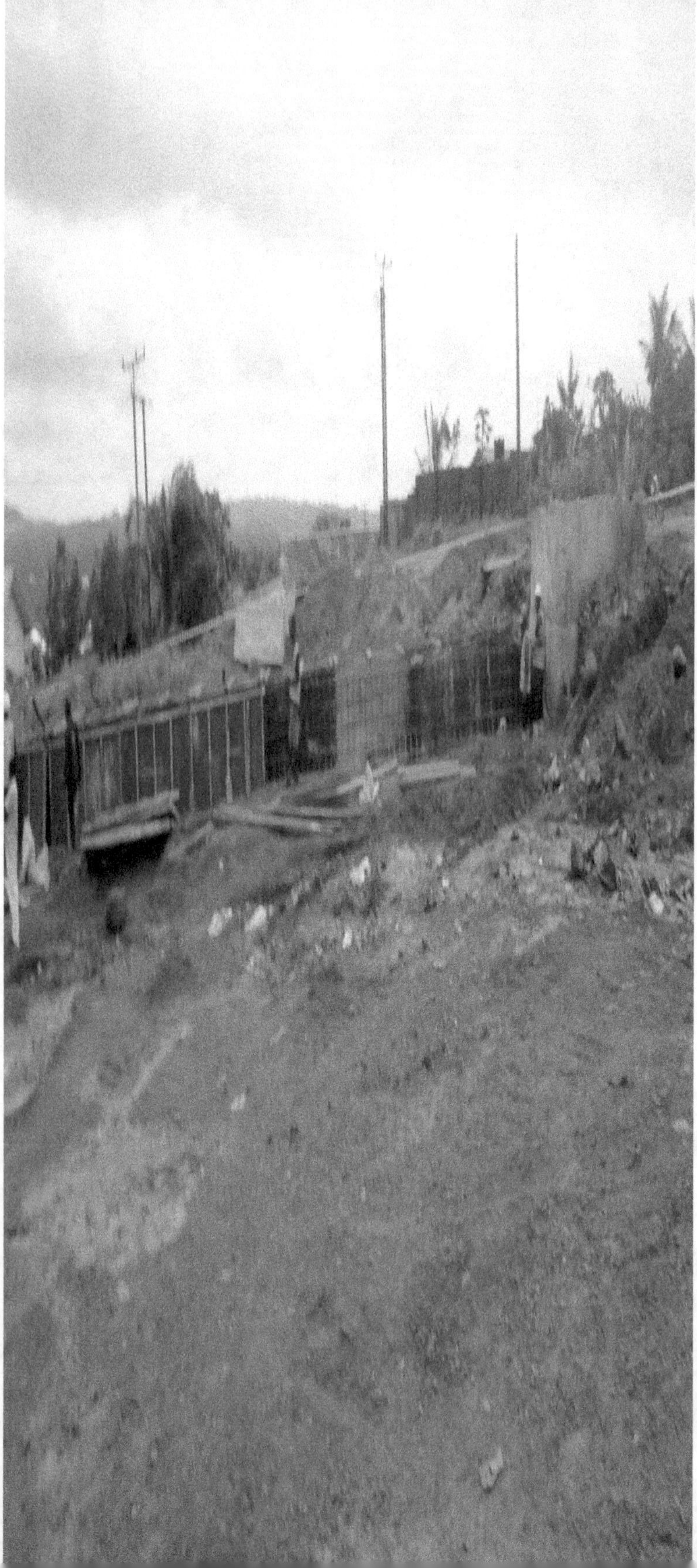

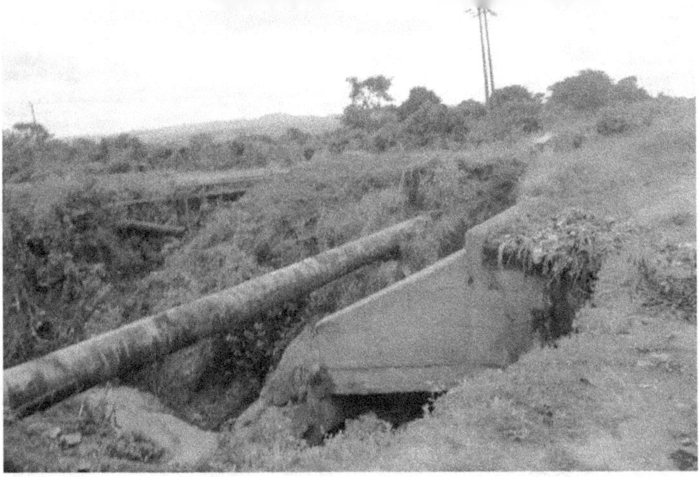

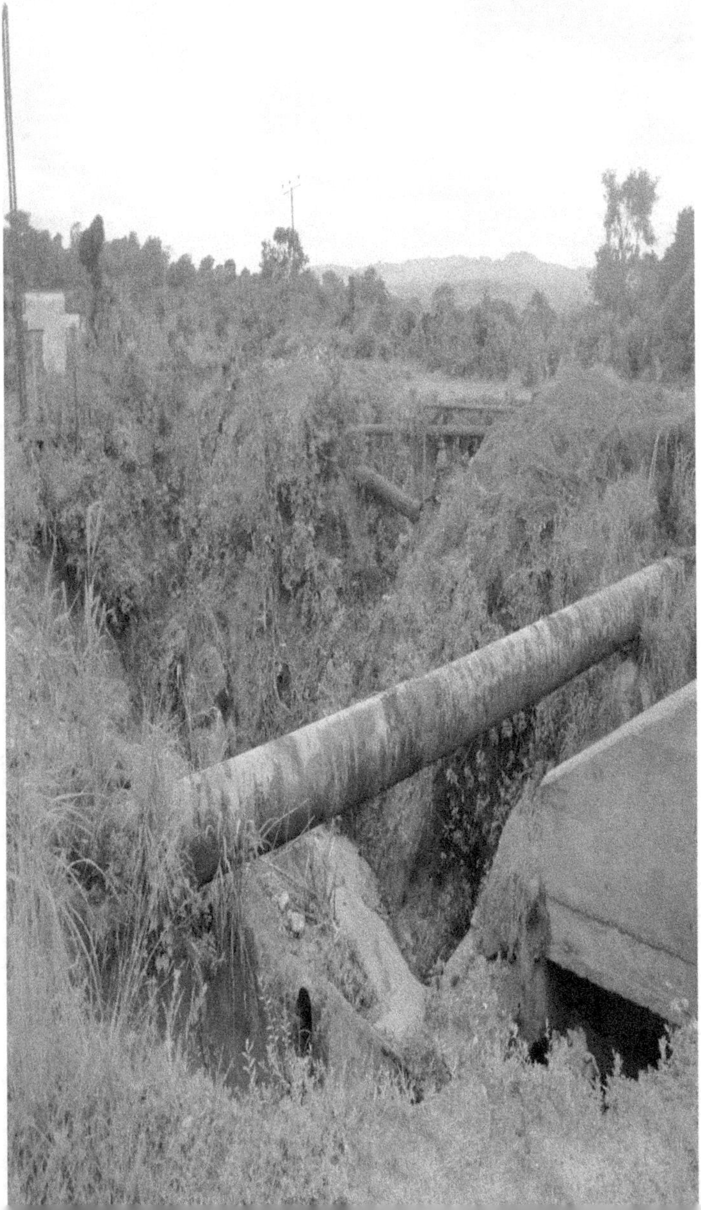

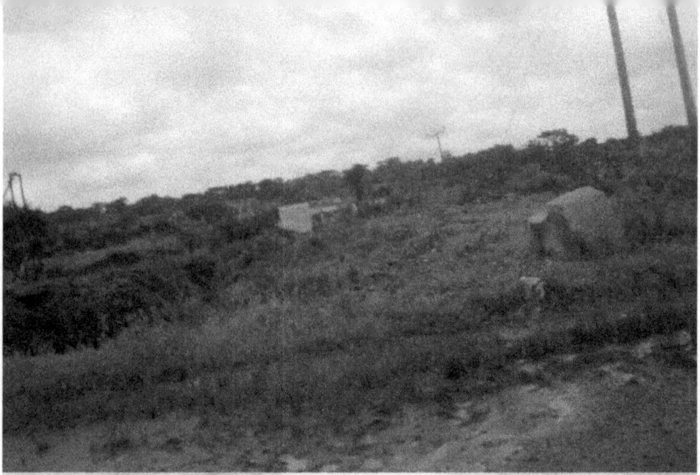

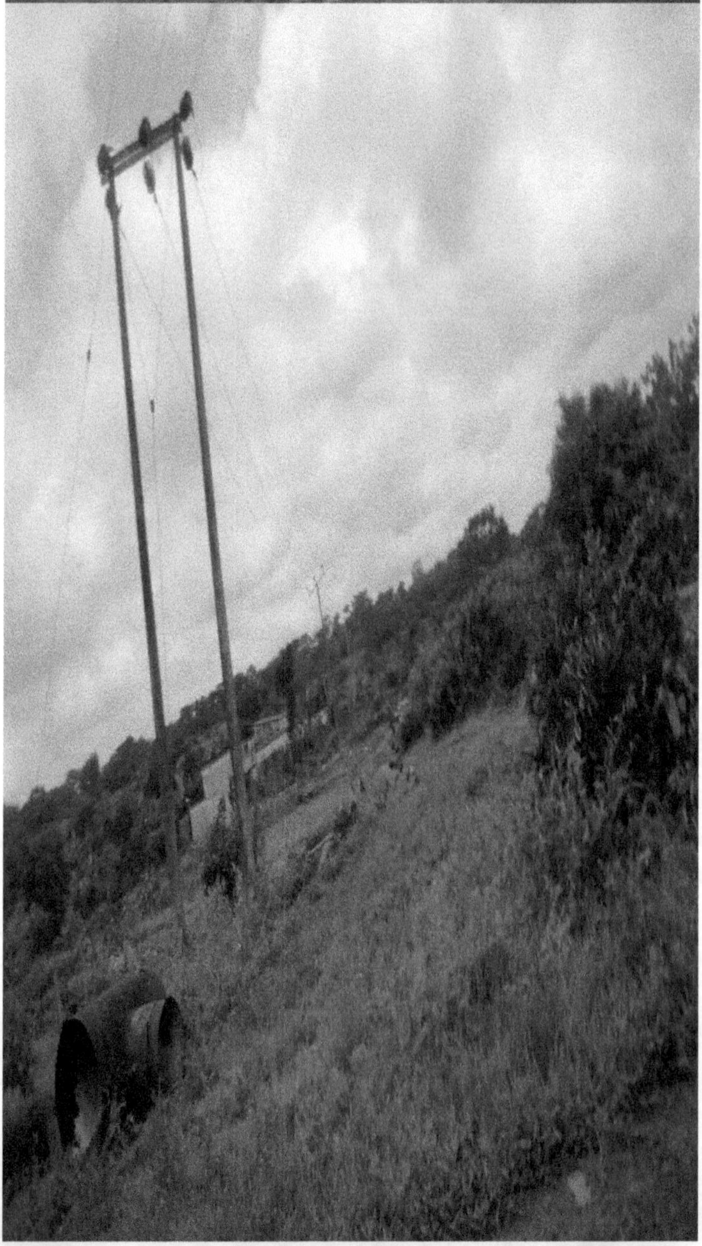

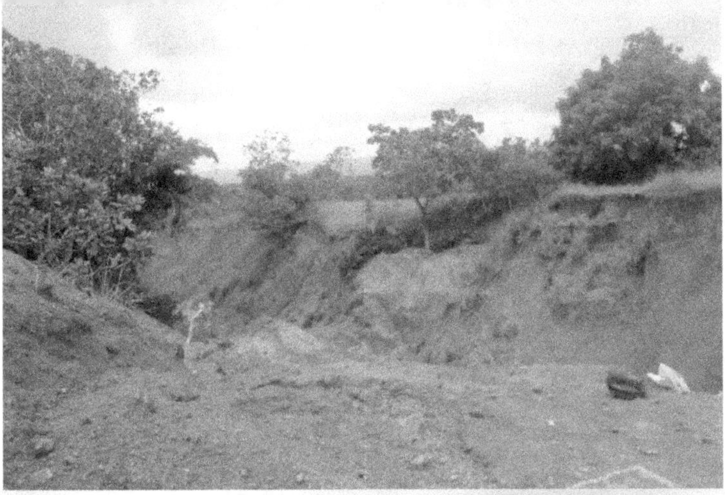

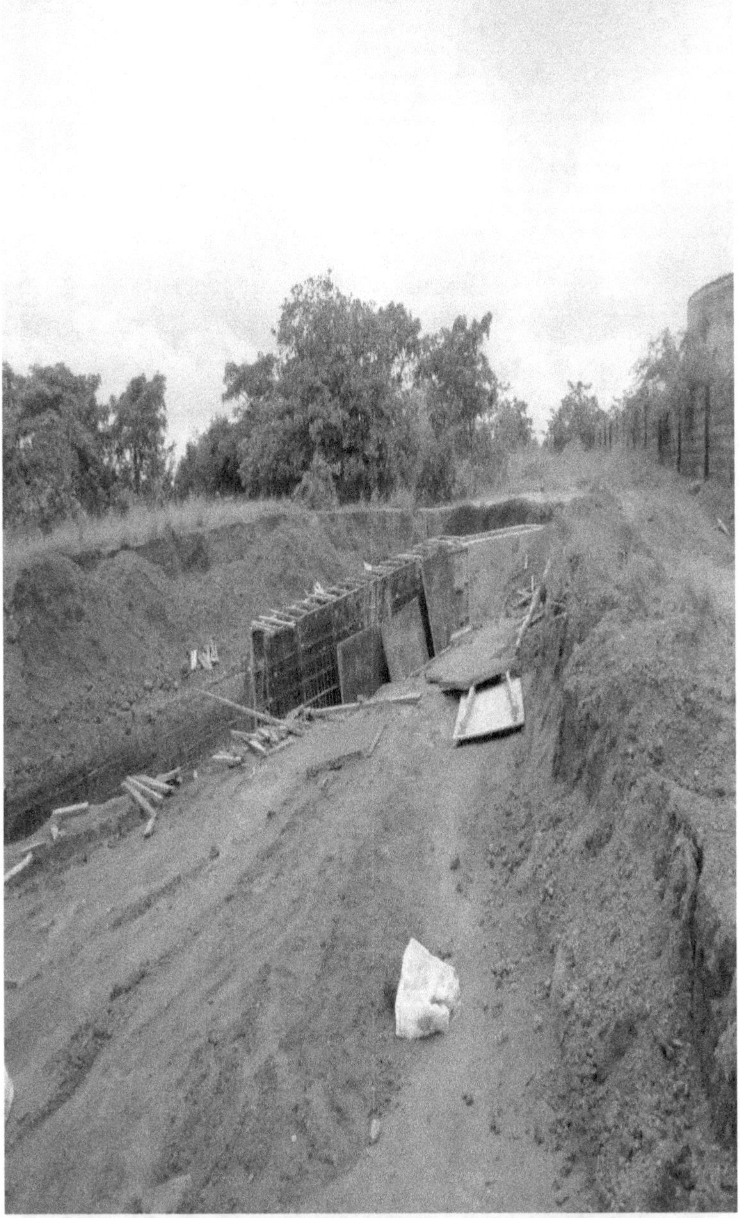

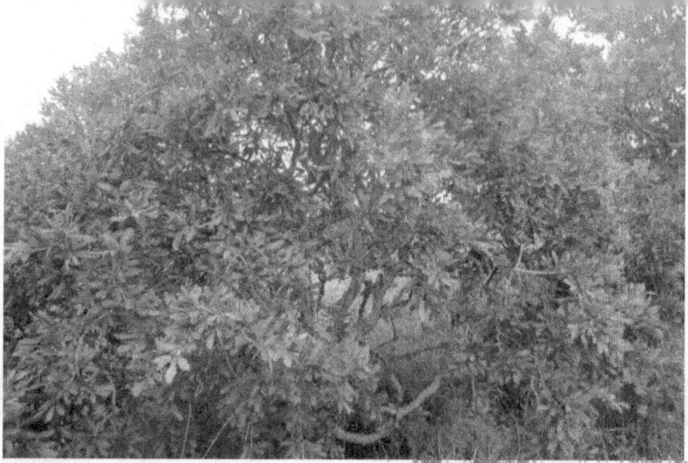

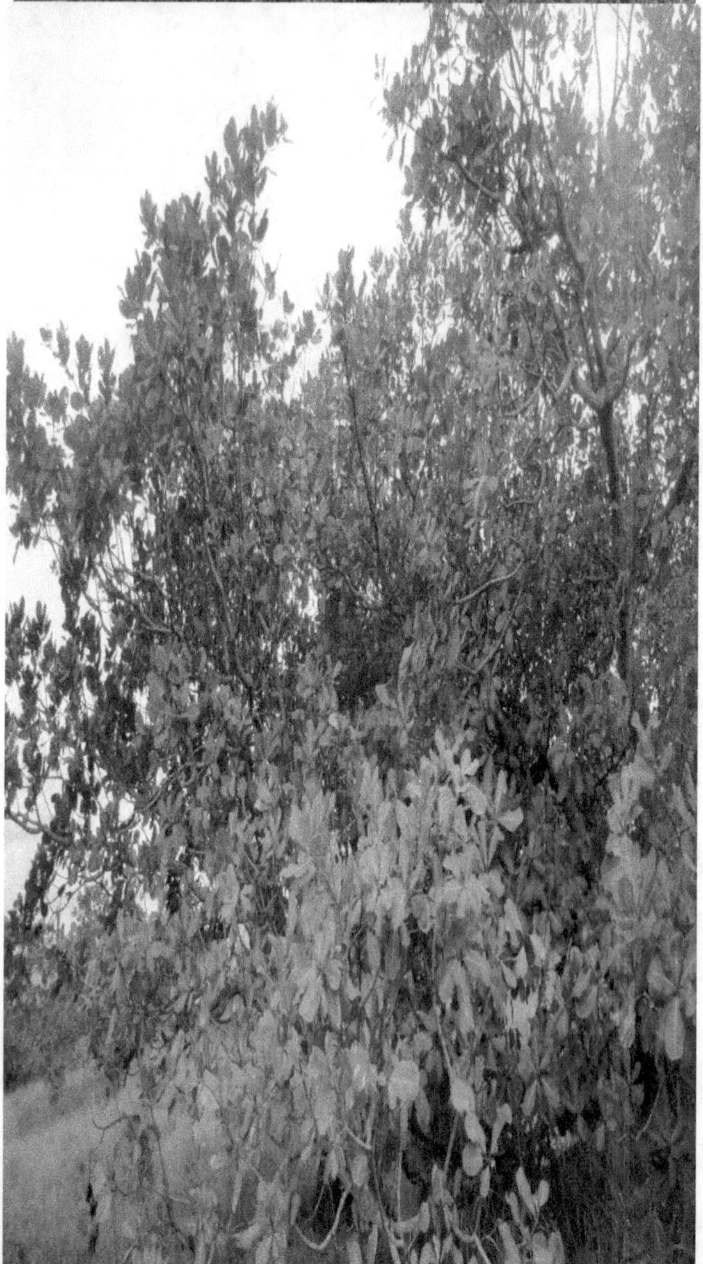

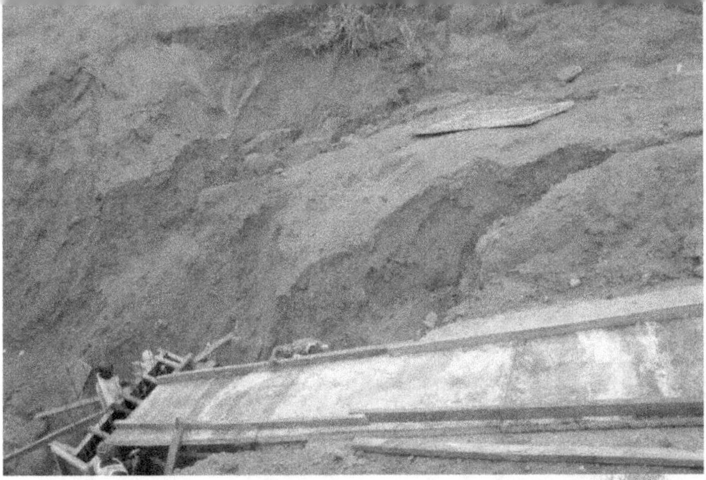

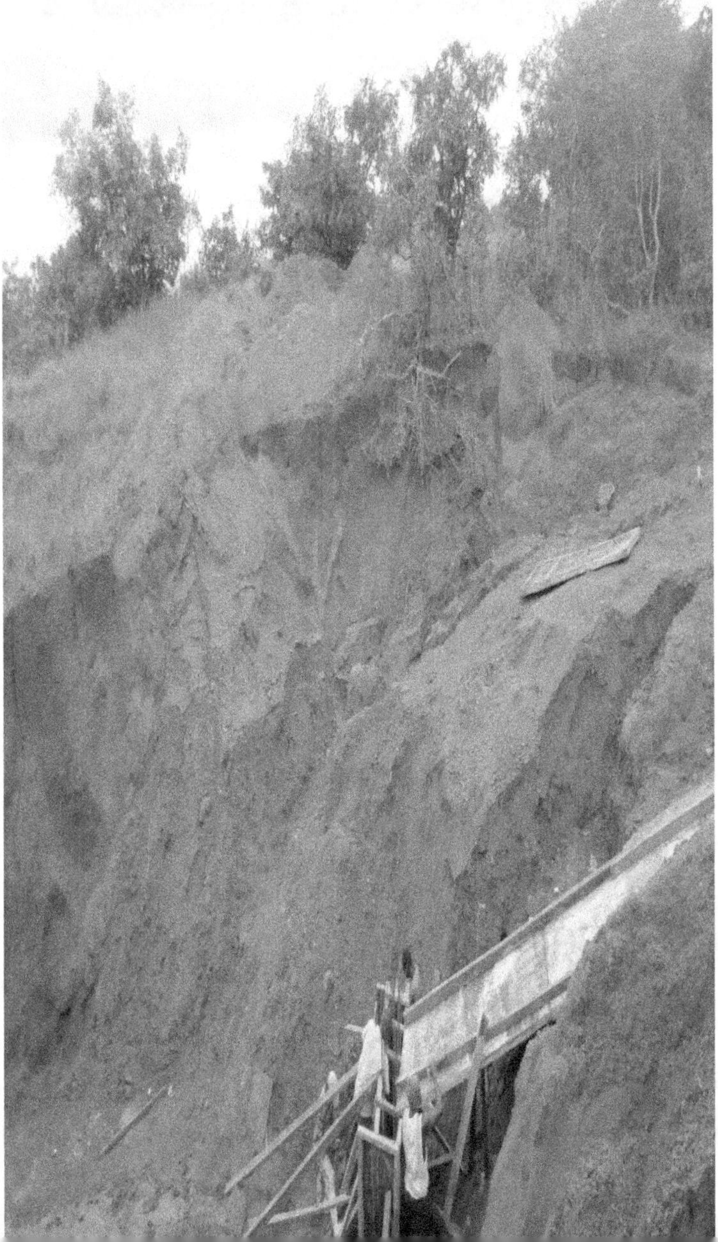

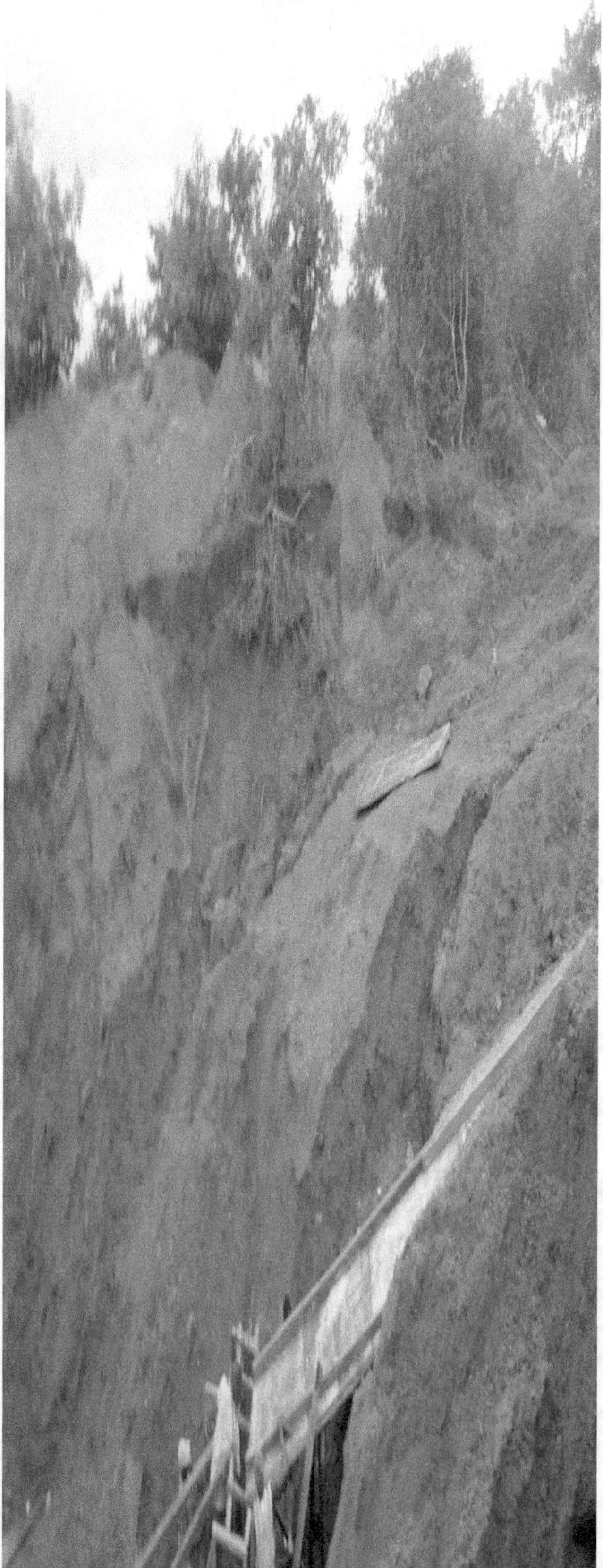

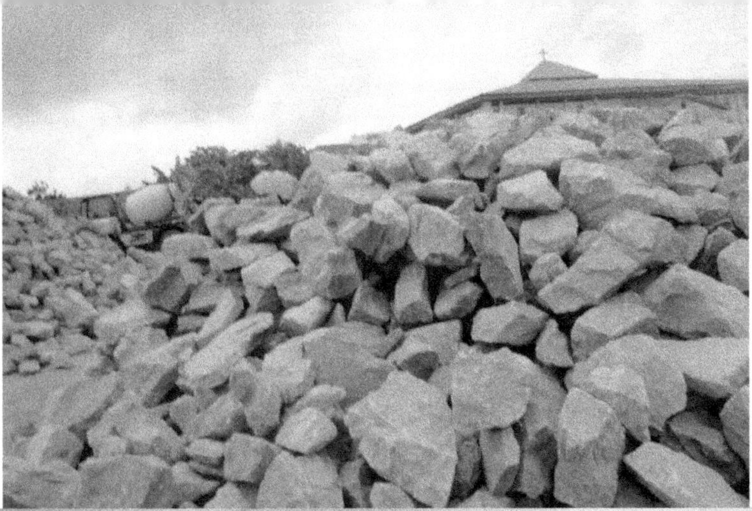
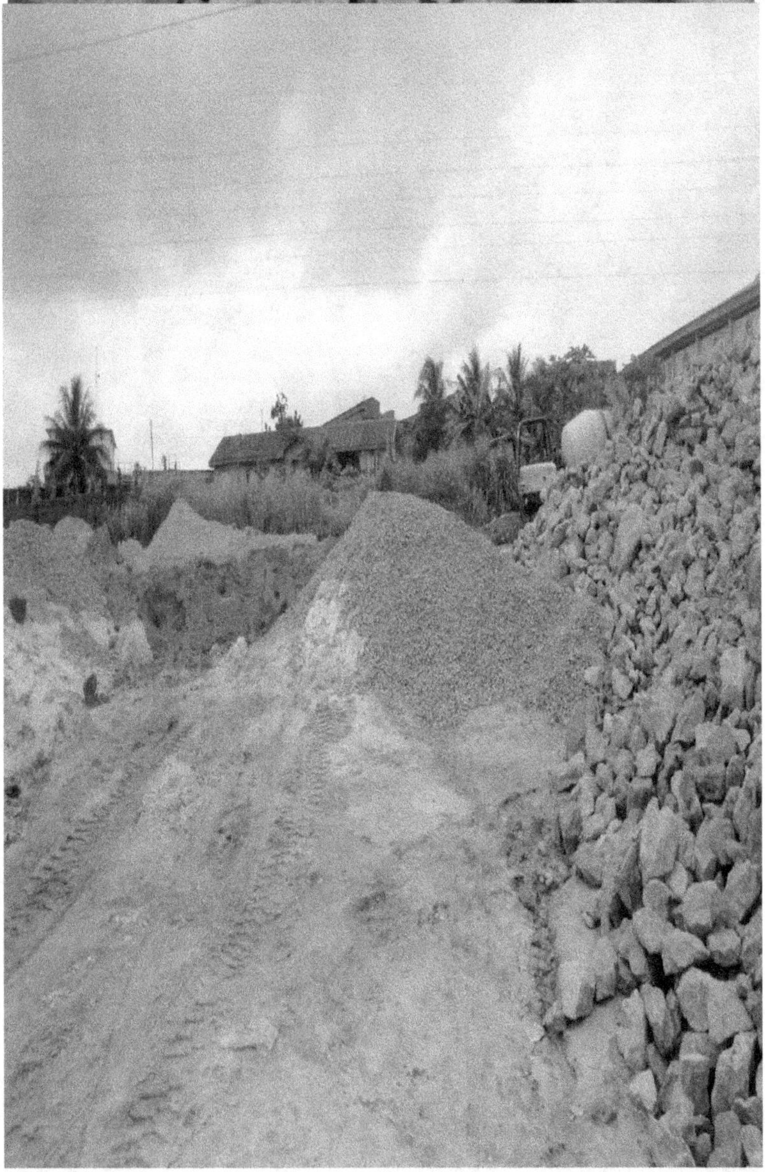

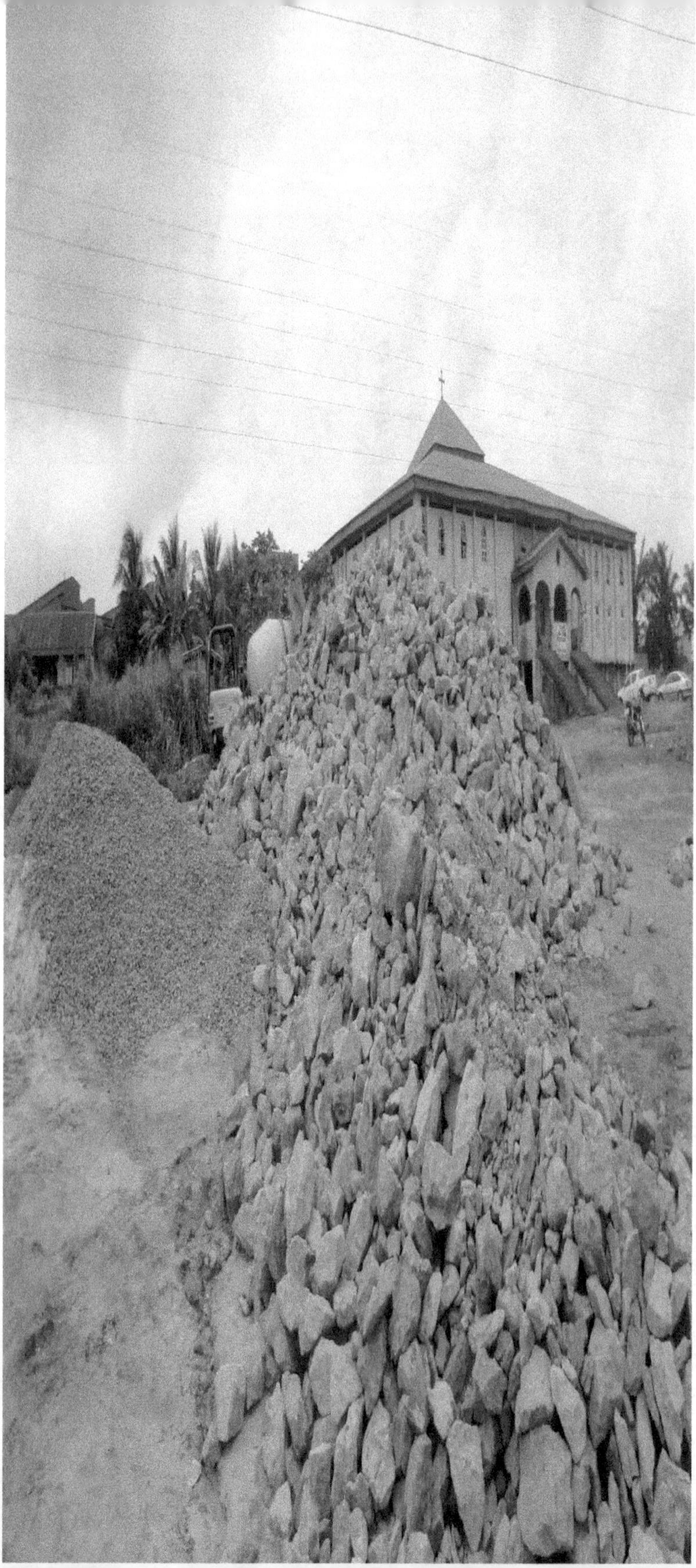

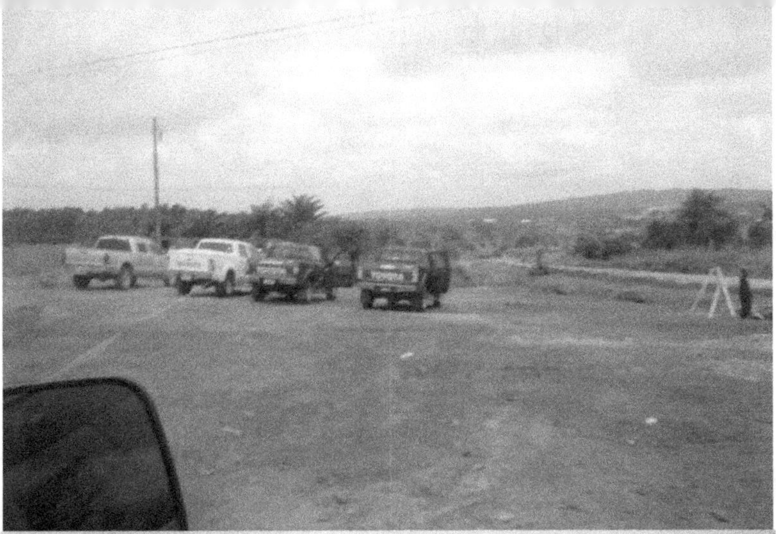

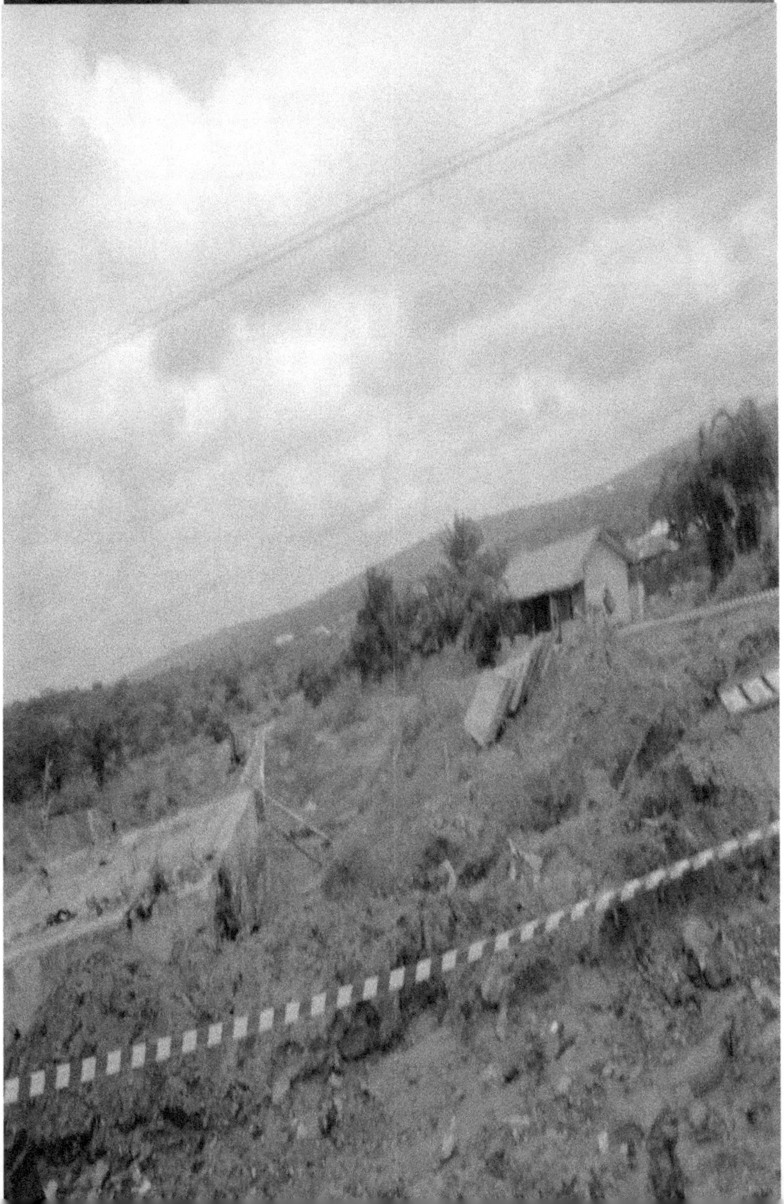

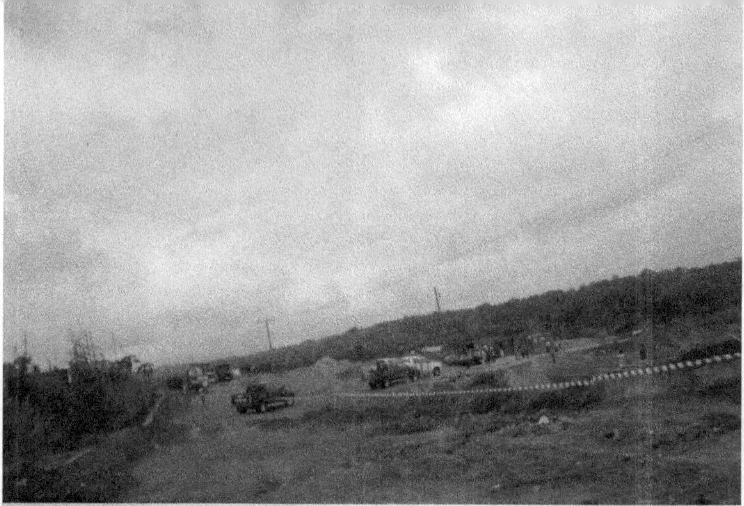
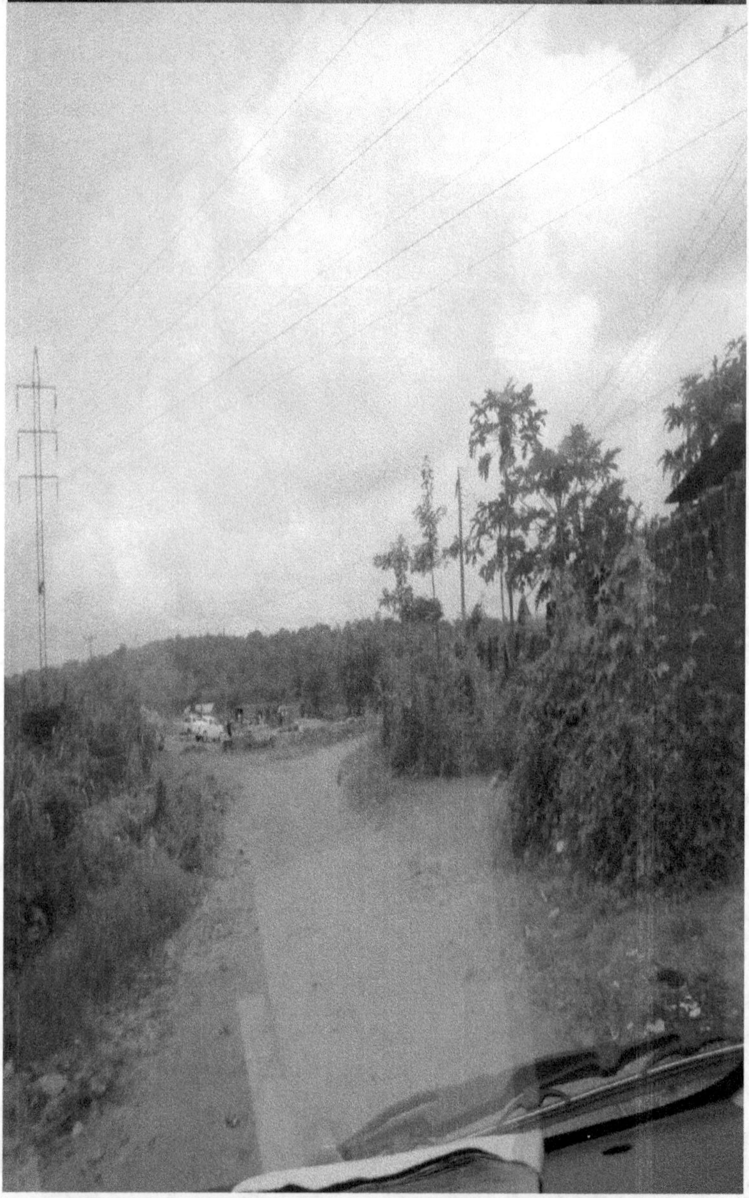

www.ingramcontent.com/pod-product-compliance
Lightning Source LLC
Chambersburg PA
CBHW070427190526
45169CB00003B/1444
* 9 7 8 1 5 3 6 8 2 2 5 7 1 *